SOLUTIONS DÉTAILLÉES

DES

EXERCICES ET PROBLÈMES

ÉNONCÉS DANS LES

LEÇONS DE GÉOMÉTRIE,

PAR

Eugène ROUCHÉ,

MEMBRE DE L'INSTITUT,
PROFESSEUR AU CONSERVATOIRE DES ARTS ET MÉTIERS,
EXAMINATEUR DE SORTIE A L'ÉCOLE POLYTECHNIQUE;

ET

Ch. DE COMBEROUSSE,

INGÉNIEUR DES ARTS ET MANUFACTURES,
PROFESSEUR A L'ÉCOLE CENTRALE ET AU CONSERVATOIRE DES ARTS ET MÉTIERS.

PREMIÈRE PARTIE.

A L'USAGE DES ÉLÈVES DE LA CLASSE DE QUATRIÈME (MODERNE).

PARIS,

GAUTHIER-VILLARS ET FILS, IMPRIMEURS-LIBRAIRES

DU BUREAU DES LONGITUDES, DE L'ÉCOLE POLYTECHNIQUE,

Quai des Grands-Augustins, 55.

1896

SOLUTIONS DÉTAILLÉES

DES

EXERCICES ET PROBLÈMES

ÉNONCÉS DANS LES

LEÇONS DE GÉOMÉTRIE.

SOLUTIONS DÉTAILLÉES

DES

EXERCICES ET PROBLÈMES

ÉNONCÉS DANS LES

LEÇONS DE GÉOMÉTRIE,

PAR

Eugène ROUCHÉ,

MEMBRE DE L'INSTITUT,
PROFESSEUR AU CONSERVATOIRE DES ARTS ET MÉTIERS,
EXAMINATEUR DE SORTIE A L'ÉCOLE POLYTECHNIQUE,

ET

Ch. DE COMBEROUSSE,

INGÉNIEUR DES ARTS ET MANUFACTURES,
PROFESSEUR A L'ÉCOLE CENTRALE ET AU CONSERVATOIRE DES ARTS ET MÉTIERS.

PREMIÈRE PARTIE.

A L'USAGE DES ÉLÈVES DE LA CLASSE DE QUATRIÈME (MODERNE).

PARIS,

GAUTHIER-VILLARS ET FILS, IMPRIMEURS-LIBRAIRES

DU BUREAU DES LONGITUDES, DE L'ÉCOLE POLYTECHNIQUE,

Quai des Grands-Augustins, 55.

1896

AVERTISSEMENT.

Comme nous l'avons dit dans l'Avertissement de la première Partie des *Leçons de Géométrie*, nous croyons faire une chose utile en publiant, avec leurs énoncés, les solutions des Exercices et Problèmes proposés à la suite de chacune de ces Leçons. C'est, sans aucun doute, faire la meilleure revision d'une Leçon que d'étudier avec soin les solutions des questions qui s'y rapportent.

Les chiffres de renvoi correspondent aux paragraphes des *Leçons* sur lesquels s'appuient les démonstrations.

Quand nous avons dû faire appel à un exercice ou à un problème résolu précédemment, nous avons eu soin, pour éviter toute ambiguïté, de rappeler son numéro et celui de la Leçon à laquelle il se rattache.

Cette première Partie renferme 2o5 questions.

Les autres Parties des Leçons et des Solutions des problèmes correspondants paraîtront prochainement.

Mars 18g6.

TABLE DES MATIÈRES.

SEPTIÈME LEÇON.

HUITIÈME LEÇON.

NEUVIÈME LEÇON.

DIXIÈME ET ONZIÈME LEÇON.

DOUZIÈME LEÇON.

TREIZIÈME LEÇON.

QUATORZIÈME LEÇON.

QUINZIÈME LEÇON.

SEIZIÈME LEÇON.

DIX-SEPTIÈME LEÇON.

DIX-HUITIÈME LEÇON.

DIX-NEUVIÈME LEÇON.

VINGTIÈME LEÇON.

VINGT ET UNIÈME LEÇON.

VINGT-TROISIÈME LEÇON.

VINGT-QUATRIÈME LEÇON.

VINGT-CINQUIÈME LEÇON.

VINGT-SIXIÈME LEÇON.

VINGT-SEPTIÈME LEÇON.

VINGT-HUITIÈME LEÇON.

VINGT-NEUVIÈME LEÇON.

TRENTIÈME LEÇON.

SOLUTIONS DÉTAILLÉES

DES

EXERCICES ET PROBLÈMES

ÉNONCÉS DANS LES

LEÇONS DE GÉOMÉTRIE.

PREMIÈRE PARTIE

(LA LIGNE DROITE ET LA CIRCONFÉRENCE DE CERCLE.)

PREMIÈRE LEÇON.

Introduction.

1. Démontrer que la distance du milieu O d'une portion de droite AB à un point quelconque C pris sur sa direction est égale à la demi-somme ou à la demi-différence des distances AC et BC, suivant que le point C est extérieur aux points A et B ou est situé entre ces points.

Il suffit, dans les deux cas, d'exprimer la distance OC de deux manières et d'ajouter les valeurs obtenues.

Dans le premier cas, on a

$$OC = AC - OA, \qquad OC = OB + BC,$$

d'où, en ajoutant, en simplifiant et en divisant par 2,

$$OC = \frac{AC + BC}{2}.$$

R. et DE C. — *Solutions*, I.   1

Dans le second cas, on a

$$OC = AC - OA, \qquad OC = OB - BC.$$

d'où, en ajoutant, en simplifiant et en divisant par 2,

$$OC = \frac{AC - BC}{2}.$$

2. *Démontrer que, si l'on considère n droites qui se coupent deux à deux, le nombre de leurs points d'intersection est égal à* $\frac{n(n-1)}{2}$.

Il est sous-entendu que trois *quelconques* des droites données ne se rencontrent pas en un même point.

Cela posé, chaque droite est rencontrée en $(n-1)$ points par les $(n-1)$ autres; ce qui fait $n(n-1)$ points d'intersection. Mais chacun de ces points étant compté sur chacune des droites qui se coupent, c'est-à-dire *deux fois*, il faut, pour qu'il n'y ait pas *répétition*, diviser par 2 le résultat précédent. Le nombre des points d'intersection est donc bien $\frac{n(n-1)}{2}$.

3. *Déterminer la plus grande commune mesure de deux droites* A *et* B *de longueurs données, en supposant qu'elle existe, et en déduire le rapport numérique des deux longueurs.*

On n'a qu'à opérer sur les droites A et B, absolument comme on opère en Arithmétique sur deux nombres donnés pour trouver leur plus grand commun diviseur.

On porte la plus petite droite sur la plus grande autant de fois que possible; puis, le reste obtenu sur la plus petite droite, le second reste sur le premier, etc. L'opération est terminée lorsqu'on parvient à un reste contenu exactement dans le reste précédent. Ce diviseur exact est la plus grande commune mesure cherchée.

A et B étant les deux droites données, désignons, par

exemple, par R, R′, R″ les restes successivement trouvés. Supposons que les résultats des opérations soient représentés par les égalités suivantes :

$$A = 3B + R,$$
$$B = 5R - R',$$
$$R = 2R' - R'',$$
$$R' = 7R''.$$

On en déduit facilement

$$R = 15R'', \qquad B = 82R'', \qquad A = 261R''.$$

On en conclut, pour le rapport de A à B,

$$\frac{A}{B} = \frac{261\,R''}{82\,R''} = \frac{261}{82}.$$

L'expression fractionnaire ainsi obtenue doit être irréductible. Si 261 et 82 admettaient, en effet, un facteur commun tel que 5, A et B seraient divisibles par 5R″, et R″ ne serait plus leur plus grande commune mesure.

DEUXIÈME LEÇON.

Des angles. — Angles opposés par le sommet.

1. *Lorsque, d'un point O d'une droite AB, partent en sens opposé deux droites OC et OD telles, que les deux angles AOD, BOC, qui sont dans la position d'opposés par le sommet, soient égaux, les deux droites OC et OD n'en forment qu'une seule, c'est-à-dire sont en prolongement l'une de l'autre.*

On n'a, pour le voir, qu'à prolonger effectivement la droite CO au delà du point O.

2. *Si quatre droites OA, OB, OC, OD partent successivement d'un même point O, de manière que les angles AOD, BOC d'une part, et les angles AOB, COD d'autre part, qui sont dans la position d'opposés par le sommet, soient égaux, les côtés OA et OC sont en ligne droite ainsi que les côtés OB et OD.*

Cette remarque découle immédiatement de la précédente.

TROISIÈME LEÇON.

**Droites perpendiculaires. — Égalité des angles droits.
Angles adjacents supplémentaires.**

1: *L'angle DOI que forme la bissectrice OI d'un angle AOB avec une droite quelconque OD, menée par le sommet O, est égal à la demi-somme ou à la demi-différence des angles AOD et BOD, suivant que la droite OD est extérieure ou intérieure à l'angle AOB.*

La marche à suivre est la même que celle que nous avons indiquée pour le premier Exercice de la première Leçon.

2. *Les bissectrices de deux angles adjacents supplémentaires sont perpendiculaires l'un sur l'autre.*

Cette propriété découle immédiatement de la définition des angles supplémentaires.

3. *Les bissectrices de deux angles opposés par le sommet sont dans le prolongement l'une de l'autre.*

Il suffit de se reporter au premier Exercice de la deuxième Leçon.

4. *Les bissectrices des quatre angles déterminés par la rencontre de deux droites indéfinies forment deux droites perpendiculaires l'une à l'autre.*

Cette propriété est une conséquence immédiate des deux Exercices précédents.

QUATRIÈME LEÇON.

Des triangles. — Triangle isocèle.

1. Quand un triangle a l'un de ses côtés confondu avec la base d'un triangle isocèle et son sommet opposé situé sur la hauteur de ce triangle (32), il est lui-même un triangle isocèle.

Soient le triangle isocèle ABC et le triangle A'BC, qui a même base, et dont le sommet A' appartient à la hauteur AI du triangle ABC. Ce dernier triangle étant superposable à lui-même *par retournement* (31), si l'on effectue ce mouvement (29), le point C vient en B et le point B en C, AA'I retombe sur lui-même, et le côté A'C recouvre exactement le côté A'B. Le triangle A'BC est donc aussi isocèle.

2. Toute perpendiculaire CD à la bissectrice OI d'un angle AOB coupe ses côtés en deux points C et D également éloignés de son sommet O, et le point de rencontre M de la perpendiculaire CD et de la bissectrice OI est le milieu de CD.

En effet, si l'on *replie* la figure autour de OI, OB recouvre OA à cause de l'égalité des angles BOI, IOA, et le point C tombe quelque part sur OA. De même, CM prend la direction de MD à cause de l'égalité des angles droits CMO, OMD, et le point C tombe quelque part sur MD. Le point C coïncide donc avec l'intersection D des droites OA et MD, et l'on a à la fois OC = OD et MC = MD.

CINQUIÈME LEÇON.

Cas d'égalité des triangles quelconques.

1. *Étant donné un triangle ABC, on prolonge les côtés de l'angle A en sens inverse, en prenant respectivement sur ces prolongements* AB′ $=$ AB, AC′ $=$ AC. *En désignant par* D *et* D′ *les milieux des côtés* BC *et* B′C′, *on demande de prouver que les trois points* D, A, D′ *sont en ligne droite et que le point* A *est le milieu de* DD′ (*fig.* 1).

Fig. 1.

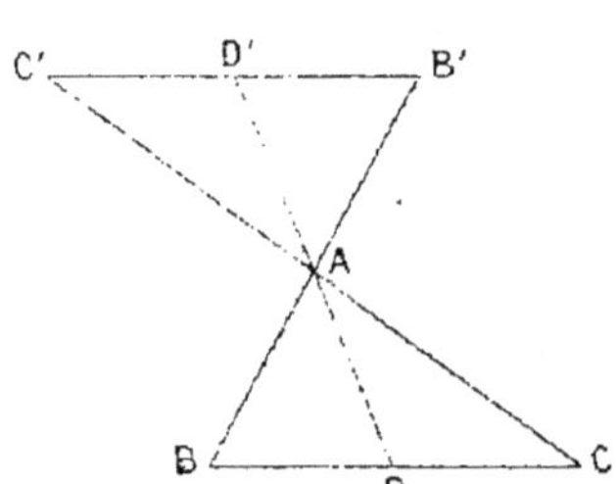

Pour établir cette proposition, on démontre successivement l'égalité des triangles ABC, A′B′C′ et celle des triangles ADC, AD′C′ (34, 2°), en se reportant ensuite au premier Exercice de la deuxième Leçon.

2. *ABC étant un triangle quelconque, on prend sur* AB, *prolongé s'il le faut, une longueur* AC′ $=$ AC; *on prend de même sur* AC *une longueur* AB′ $=$ AB, *et l'on* *mène la droite C′B′ qui coupe BC en I. Prouver que la droite AI est la bissectrice de l'angle BAC (fig. 2).*

Fig. 2.

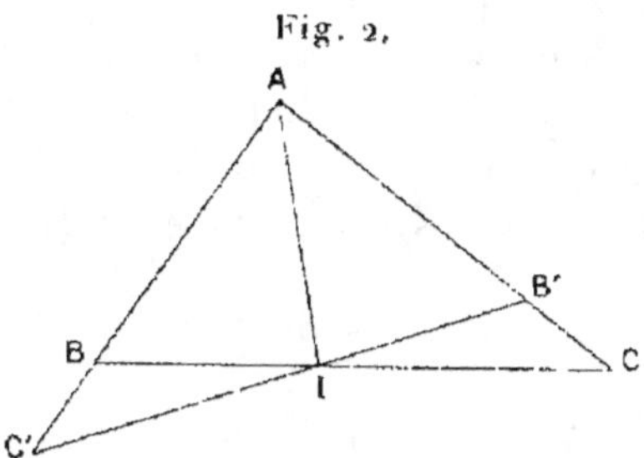

Pour établir cette proposition, on démontre d'abord l'égalité des triangles AB′C′, ABC (34, 2°). Les suppléments de deux angles égaux étant égaux, il en résulte l'égalité des triangles IBC′, IB′C (34, 1°), qui entraîne celle des triangles AIB, AIB′ (34, 3°).

Ce problème fournit un procédé pour construire la bissectrice d'un angle d'un triangle et, par conséquent, celle d'un angle quelconque.

3. *Deux triangles ABC, DEF, qui ont deux côtés égaux chacun à chacun et une médiane égale, sont égaux entre eux (fig. 3 et 4).*

Fig. 3.

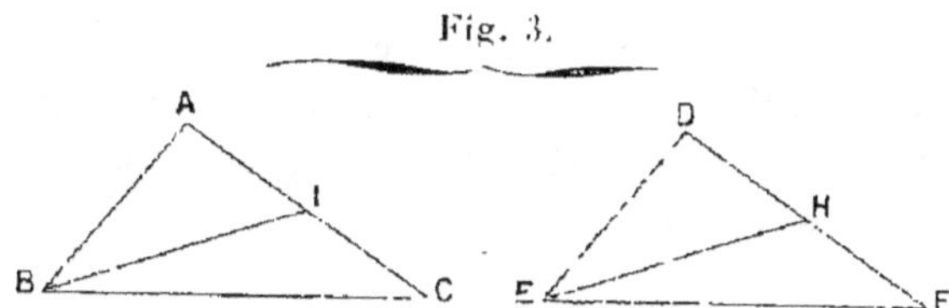

On entend par *médiane* d'un triangle la droite qui joint un sommet de ce triangle au milieu du côté opposé. Un triangle a donc trois médianes.

Il y a ici deux cas à distinguer. Admettons que les côtés égaux des deux triangles soient AB=DE et AC=DF. La médiane supposée égale peut partir des sommets B et E ou des sommets C et F, ou bien des sommets A et D.

La démonstration de la proposition énoncée est la même pour les deux premières hypothèses. Si les deux médianes égales sont, par exemple, BI et EH (*fig.* 3), l'égalité des deux triangles ABI, DEH (34, 3°) entraîne immédiatement celle des deux triangles donnés (34, 2°).

Il faut suivre une autre marche, lorsque les deux médianes égales partent des sommets A et D et sont AK et DL (*fig.* 4).

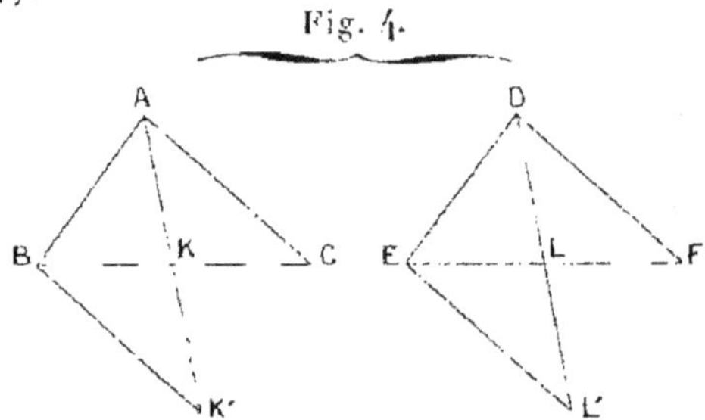

Fig. 4.

On prolonge alors AK d'une longueur égale KK' et DL d'une longueur égale LL'. Les deux triangles BKK' et AKC sont égaux, ainsi que les deux triangles ELL' et DLF (34, 2°). Il en résulte BK' = AC et EL' = DF. Par suite, les deux triangles ABK', DEL' sont égaux (34, 3°). L'angle BAK est donc égal à l'angle EDL. En joignant CK' et FL', on prouvera d'une manière analogue l'égalité des triangles ACK', DFL', c'est-à-dire celle des angles KAC, LDF. Les deux angles A et D sont donc égaux comme formés de parties égales, et les triangles ABC, DEF le sont eux-mêmes (34, 2°).

4. *Lorsque, dans un triangle* ABC, *une même droite* AD *est à la fois hauteur et bissectrice, ce triangle est isocèle.*

Cette proposition résulte immédiatement de l'égalité des triangles ABD, ACD (34, 1°).

SIXIÈME LEÇON.

Autres propriétés des triangles.

1. I étant le milieu de la base BC d'un triangle isocèle ABC et M un point pris à volonté sur le côté AC, la différence des longueurs IB et IM est moindre que celle des longueurs AB et AM.

Voir le premier corollaire du n° 39.

2. Le périmètre d'un triangle ABC est plus grand que la somme des droites qui joignent à ses trois sommets un point O quelconque pris à l'intérieur du triangle, et moindre que le double de cette somme (*fig.* 5).

Fig. 5.

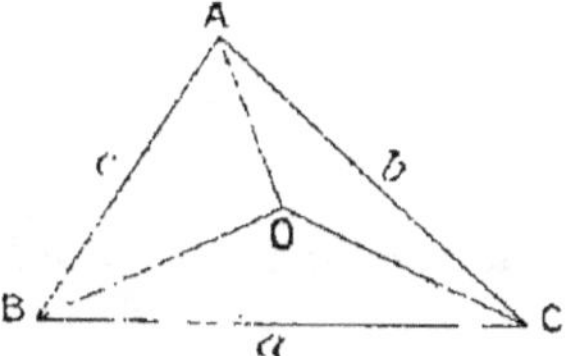

Posons $BC = a$, $CA = b$, $AB = c$. On a (41)

$$b + c > OB - OC,$$
$$c + a > OC \cdot OA,$$
$$a + b > OA + OB,$$

d'où, en ajoutant et en divisant par 2,

$$a + b + c > OA + OB + OC.$$

On a, d'autre part (38),

$$a < OB + OC, \qquad b < OC + OA, \qquad c < OA + OB,$$

d'où, en ajoutant,

$$a + b + c < 2(OA + OB + OC).$$

*3. *Quand, dans l'Exercice précédent, le point O appartient à l'un des côtés du triangle, sa distance au sommet opposé est comprise entre la somme des deux autres côtés et la moitié de l'excès de cette somme sur le premier côté.*

Lorsque le point O appartient au côté BC, on a (*fig. 5*)

$$OB + OC = a.$$

Si l'on introduit cette condition dans les inégalités établies précédemment (2), il vient d'abord

$$a + b + c > OA + a,$$

c'est-à-dire

$$OA < b + c,$$

et, ensuite,

$$a + b + c < 2(OA + a),$$

c'est-à-dire

$$OA > \frac{b + c - a}{2}.$$

*4. *Que devient l'énoncé du deuxième Exercice, lorsque le point O est extérieur au triangle ABC?*

Il est facile de voir que la seconde partie de l'énoncé subsiste seule.

*5. *Une médiane AD d'un triangle ABC est moindre que la demi-somme des deux côtés AB et AC issus du même sommet A, et plus grande que la moitié de l'excès de cette somme sur le troisième côté BC.*

En effet, prolongeons la médiane AD d'une longueur

$DE = AD$, et joignons CE. Les deux triangles ABD, ECD étant égaux (34, 2°), on a

$$CE = AB.$$

Le triangle ACE donne alors (38)

$$AE < AC + CE,$$

c'est-à-dire

$$AD < \frac{AB + AC}{2}.$$

Les deux triangles ABD, ACD permettent ensuite de poser (39)

$$AD > AB - BD, \qquad AD > AC - CD,$$

d'où, en ajoutant et en divisant par 2,

$$AD > \frac{AB + AC - BC}{2}.$$

On peut comparer les résultats qu'on vient d'obtenir avec ceux fournis par le troisième Exercice.

6. *La somme des trois médianes d'un triangle est comprise entre son périmètre et la moitié de ce périmètre.*

Cette proposition résulte immédiatement de la précédente.

7. *Lorsque deux triangles ABC, OBC, qui ont un côté commun BC, s'entrecoupent en D, la somme des deux côtés AB et OC qui ne se croisent pas est moindre que la somme des deux côtés AC et OB qui se croisent (fig. 6).*

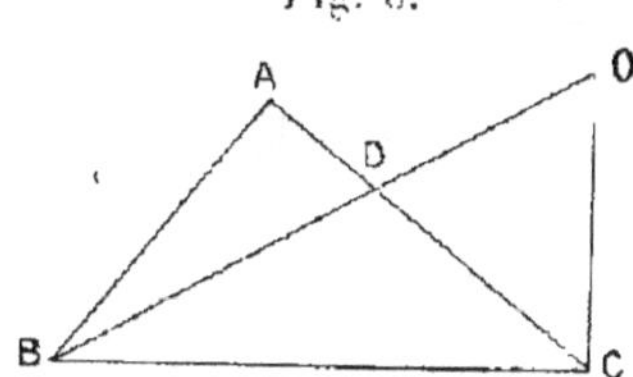

Fig. 6.

Pour le démontrer, il suffit d'appliquer successivement

aux deux triangles ABD, OCD le théorème du n° **38**, et d'ajouter les inégalités obtenues.

78. — *Dans toute figure formée par des triangles juxtaposés, l'excès du nombre des côtés sur le nombre des sommets est égal au nombre des triangles moins un.*

En supposant *n* triangles juxtaposés, il suffit, pour établir le résultat indiqué, de compter, *sans répétition*, le nombre des côtés et le nombre des sommets introduits par chacun des triangles considérés successivement.

Le premier triangle introduit trois côtés et trois sommets ; mais chacun des triangles suivants introduit seulement deux côtés et un sommet, c'est-à-dire un côté de plus : ce qui justifie l'énoncé.

9. *Dans tout triangle isocèle ABC, les bissectrices BN et CP qui répondent aux extrémités de la base BC sont égales entre elles.*

En effet, les deux triangles ABN, ACP sont égaux entre eux (**34**, 1°).

10. *Dans tout triangle isocèle ABC, les médianes BD et CE qui répondent aux extrémités de la base BC, sont égales entre elles.*

En effet, les deux triangles ABD, ACE sont égaux entre eux (**34**, 2°).

11. *Dans tout triangle équilatéral, les trois bissectrices et les trois médianes sont respectivement égales entre elles.*

C'est une conséquence immédiate des deux propositions précédentes.

SEPTIÈME LEÇON.

Perpendiculaires et obliques.

`1. *Dans tout triangle ABC, une hauteur quelconque AH est moindre que la demi-somme des deux côtés AB et AC qui partent du même sommet. On en conclut que la somme des hauteurs d'un triangle est moindre que son périmètre.*

On a immédiatement (44, 2°)

$$AH < AB \quad \text{et} \quad AH < AC,$$

d'où, en ajoutant et en divisant par 2,

$$AH < \frac{AB + AC}{2}.$$

En appliquant cette inégalité à chacune des trois hauteurs, on en déduit la conclusion indiquée dans l'énoncé.

`2. *Par un point donné A, tirer une droite qui fasse des angles égaux avec deux droites données BC, BD.*

Menons la bissectrice BI de l'angle CBD, et abaissons du point A la perpendiculaire MN sur BI, qui rencontre les droites BC et BD en M et en N. Le triangle MBN est isocèle (Deuxième exercice de la quatrième Leçon), et le problème est résolu.

Si les deux droites données étaient parallèles, le problème serait indéterminé : toute droite passant par le point A répondrait à la question (67).

3. Si, d'un point O pris hors d'une droite XY, on mène sur cette droite différentes obliques OA, OB, OC, ..., dont les longueurs soient en progression arithmétique, les distances AB, BC, ... des pieds des obliques successives, vont en décroissant (fig. 7).

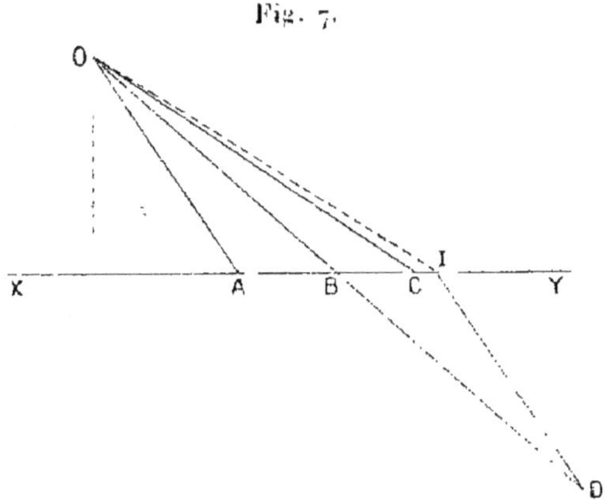

Il suffit de considérer les trois obliques successives OA, OB, OC, et de prouver que BC est moindre que AB.

En prolongeant OB et AB de longueurs respectivement égales à elles-mêmes BD et BI, tout se réduit donc à montrer que le point I dépasse le point C.

Or, l'égalité des triangles OAB, DIB (34, 2°) donne

$$OA = DI.$$

On a d'ailleurs (38)

$$OD < OI + DI \quad \text{ou} \quad 2OB < OI + OA.$$

Mais, par hypothèse,

$$OB - OA = OC - OB,$$

c'est-à-dire

$$2OB = OA + OC.$$

Par suite, on a

$$OA + OC < OI + OA,$$

d'où

$$OC < OI \qquad \text{et } (47, 3°) \qquad BC < BI.$$

. 4. *Par le sommet A d'un triangle ABC, on mène la droite indéfinie XY perpendiculaire sur la bissectrice de l'angle A. Démontrer que, si M est un point quelconque de XY, le périmètre du triangle BMC est plus grand que celui du triangle donné ABC (fig. 8).*

Fig. 8.

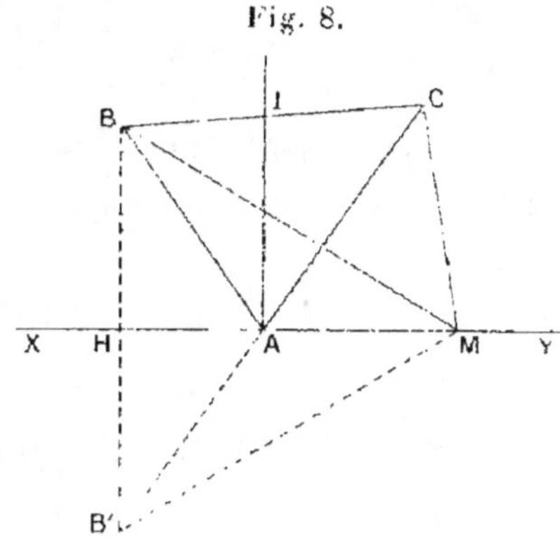

BC étant commun aux deux périmètres comparés, il suffit d'établir l'inégalité

$$AB + AC < MB + MC.$$

Or, les bissectrices de deux angles supplémentaires étant à angle droit (deuxième Exercice de la troisième Leçon), la droite XY est la bissectrice de l'angle formé par le côté AB avec le prolongement du côté AC.

Menons alors BH perpendiculaire sur XY jusqu'à son point de rencontre B' avec le prolongement de CA. L'égalité des triangles BAH, B'AH d'une part (34, 1°), et celle des triangles BMH, B'MH d'autre part (34, 2°), montrent que la somme AB + AC équivaut à la droite CB', tandis que la somme MB + MC équivaut à la ligne brisée CMB'; ce qui justifie l'énoncé (40).

HUITIÈME LEÇON.

Cas d'égalité des triangles rectangles.

1. *Dans un triangle isocèle ABC, les hauteurs BK, CL, qui répondent aux extrémités de la base BC, sont égales.*

En effet, les deux triangles rectangles BKC, CLB sont égaux (49, 1°).

2. *Les trois hauteurs d'un triangle équilatéral sont égales.*

C'est une conséquence du précédent.

3. *Lorsqu'un triangle ABC a deux hauteurs égales BK et CL, ce triangle est isocèle.*

Cette proposition, réciproque de celle du n° **1**, résulte aussi de l'égalité des deux triangles rectangles BKC, CLB (49, 2°).

Fig. 9.

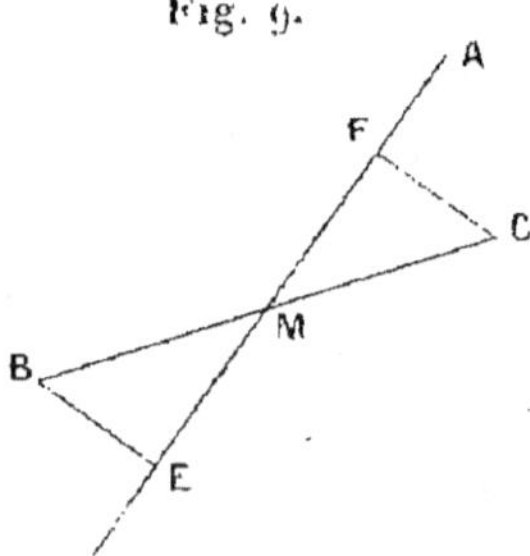

4. *Par un point donné A, tirer une droite telle, que*

les distances à cette droite de deux autres points donnés B et C soient égales entre elles (fig. 9).

Joignons les points B et C, prenons le milieu M de BC, et tirons la droite AM qui sera la droite demandée. En effet, si l'on abaisse sur cette droite les perpendiculaires BE et CF, les deux triangles rectangles BEM, CFM sont égaux entre eux (49, 1°), et l'on a

$$BE = CF.$$

NEUVIÈME LEÇON.

Lieux géométriques.

, 1. Si deux triangles isocèles ont même base, la droite qui joint leurs sommets est perpendiculaire sur le milieu de cette base.

Cette remarque est évidente (53).

2. Trouver le lieu géométrique des points également distants de deux droites indéfinies qui se coupent.

Il suffit de se reporter au n° 56 et aux derniers Exercices de la troisième Leçon. Le lieu demandé est la réunion des bissectrices, perpendiculaires entre elles, des angles opposés par le sommet formés par les deux droites données.

3. Déterminer un point qui soit également distant de trois droites données.

Si les droites données, supposées indéfinies, se coupent suivant un triangle ABC, il suffit, d'après l'Exercice précédent, de mener les bissectrices à angle droit des angles opposés par le sommet ou supplémentaires obtenus en A, B, C. On trouve ainsi, comme on le vérifie en construisant la figure, six droites qui se rencontrent deux à deux *en quatre points distincts* répondant à la question.

Nous n'insisterons pas davantage sur ce problème, qui se représentera plus loin sous une autre forme.

DIXIÈME ET ONZIÈME LEÇON.

Droites parallèles.

· 1. *Si deux droites égales non parallèles* AB, CD, *comprises entre deux parallèles* AC, BD, *se coupent en un point* O (*intérieur ou extérieur aux deux parallèles*), *on a* AO = CO *et* OB = OD (*fig.* 10).

Fig. 10.

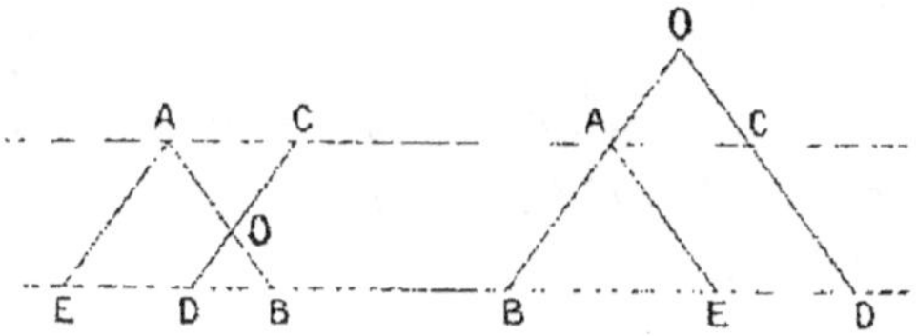

Il suffit, pour la démonstration, de mener par le point A, entre les deux parallèles données, la parallèle AE à CD.

AE étant égale à CD (72) et, par suite, à AB, le triangle ABE est isocèle. L'angle en D, égal à l'angle en E comme correspondant, est donc égal à l'angle en B, et le triangle BOD est isocèle. Il en est de même du triangle AOC, puisque l'on a, lorsque le point O est intérieur,

$$AO = AB - OB \qquad \text{et} \qquad CO = CD - OD;$$

et, lorsque le point O est extérieur,

$$OA = OB - AB \qquad \text{et} \qquad OC = OD - CD.$$

' 2. *Trouver le lieu géométrique des milieux des portions de droites qui vont d'un point donné à une droite donnée.*

Ce lieu est une conséquence immédiate du théorème du n° **73**. C'est une parallèle menée à la droite donnée par le milieu de l'une des portions de droites.

' 3. *On donne un angle ABC et un point O dans cet angle. Mener par ce point une droite telle que la partie MN, qui est interceptée sur elle par les côtés de l'angle, ait pour milieu le point O.*

Si le point O est le milieu de MN, la parallèle OI au côté AB de l'angle donné coupe son côté BC en un point I qui est le milieu de BN (**73**). On n'a donc, pour avoir la droite demandée, qu'à porter IN = BI sur le côté BC et à joindre le point N au point O.

' 4. *On donne un angle ABC, et l'on demande de déterminer sur son côté BC un point O également distant de l'autre côté AB et d'un point M marqué sur le premier côté BC (fig. 11).*

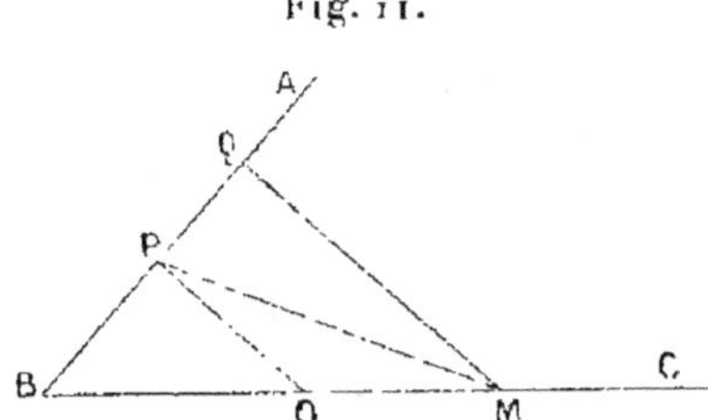

Fig. 11.

Si le point O est le point cherché et OP la perpendiculaire abaissée de ce point sur AB, le triangle MOP est isocèle. En menant alors MQ perpendiculaire au côté AB ou parallèle à OP, on voit que MP est la bissectrice de l'angle BMQ (**67**, 1°). La construction du point P et celle du point O sont donc immédiates.

5. *On donne une portion de droite AB et son milieu C. Par les points A, B, C, on mène dans une direction quelconque trois parallèles venant rencontrer une droite xy en D, E, F. Démontrer que la longueur CF est la demi-somme ou la demi-différence des longueurs AD et BE, selon que les points A et B sont situés, par rapport à la droite xy, du même côté ou de côtés opposés (fig. 12).*

Fig. 12.

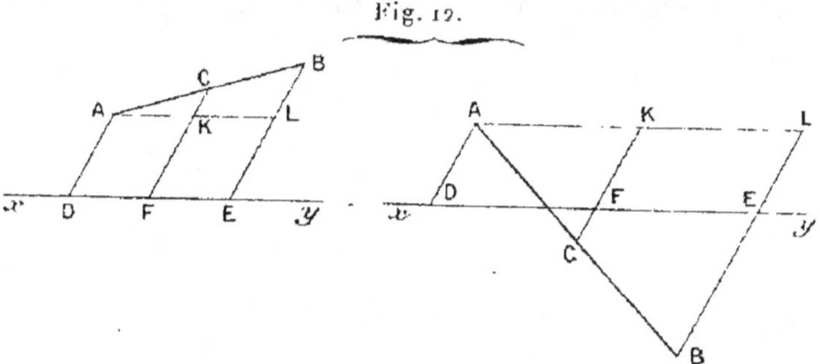

Dans les deux cas, menons par le point A une parallèle à xy, qui vient couper les droites CF et BE, prolongées ou non, aux points K et L.

On a alors (**73**)

$$CK = \frac{BL}{2}.$$

Si les points A et B sont d'un même côté de xy, on en déduit immédiatement

$$CF = AD + \frac{BL}{2} = AD + \frac{BE - AD}{2} = \frac{AD + BE}{2}.$$

Si les points A et B sont de côtés différents par rapport à xy, on a

$$CF = \frac{BL}{2} - AD = \frac{BE + AD}{2} - AD = \frac{BE - AD}{2}.$$

6. *La somme des distances d'un point quelconque M de la base BC d'un triangle isocèle ABC aux deux côtés AB et AC, est constante.*

Lorsque le point M est pris sur le prolongement de la

base BC, c'est la différence de ses distances aux deux côtés du triangle qui est constante.

Dans les deux hypothèses, la somme ou la différence constante est représentée par l'une quelconque des hauteurs du triangle qui correspondent aux extrémités de la base BC (1er Exercice de la huitième Leçon).

Soient MP et MQ les perpendiculaires abaissées du point M de la base du triangle isocèle sur ses côtés AB et AC (*fig.* 13).

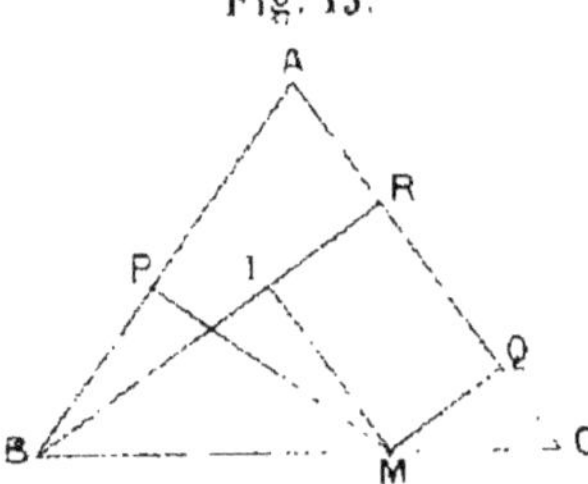

Fig. 13.

Considérons la hauteur BR du triangle qui correspond au sommet B, par exemple, et menons sur BR la perpendiculaire MI, qui sera parallèle à AC. Les triangles rectangles MPB, MIB étant égaux (49, 1°), on a MP = BI et l'on peut poser, par suite (71),

$$MP + MQ = BR.$$

Si le point M est pris sur le prolongement de la base BC

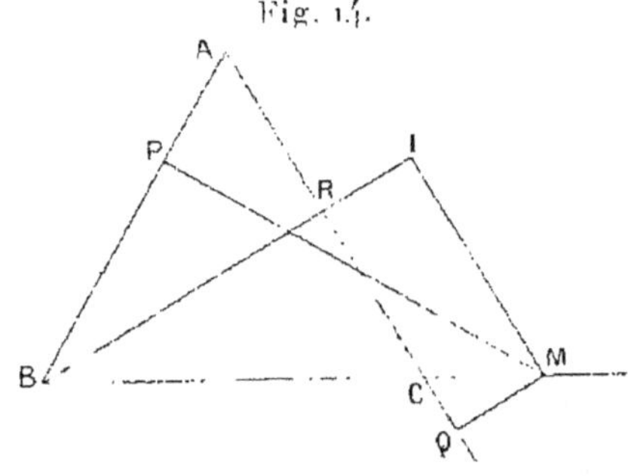

Fig. 14.

du triangle isocèle (*fig.* 14), les deux perpendiculaires MP et MQ, menées du point M sur AB et sur AC, tombent d'un même côté du point M au lieu de tomber de côtés différents. En considérant encore la hauteur BR du triangle, et en menant sur BR prolongée la perpendiculaire MI, qui sera toujours parallèle à AC, l'égalité des triangles rectangles MPB, MIB donnera

$$MP = BI$$

et, comme MQ = RI (71), il viendra cette fois

$$MP - MQ = BR.$$

Si le point M, au lieu d'être situé à droite du sommet C, se trouvait à gauche du sommet B, l'égalité ci-dessus prendrait la forme

$$MQ - MP = BR.$$

7. *Trouver le lieu géométrique des points dont la somme ou la différence des distances à deux droites données, qui se coupent, est égale à une longueur donnée.*

La solution de ce problème dépend immédiatement de la proposition qu'on vient d'établir (6).

En effet, si l'on détermine un triangle isocèle dont les côtés soient dirigés suivant les droites données et tel, que la hauteur qui correspond à l'un de ces côtés soit égale à la longueur prescrite, les points de la base de ce triangle isocèle, considérée comme droite indéfinie, appartiendront évidemment au lieu demandé.

Il suffit donc (*fig.* 15), les deux droites données étant Ax et Ay, d'élever sur Ay, par exemple, une perpendiculaire KL égale à la longueur donnée, et de mener par son extrémité L la parallèle LB à Ay jusqu'au point B où cette parallèle rencontre Ax (72). Si l'on prend alors sur Ay une longueur AC = AB, on forme un triangle isocèle ABC, dont la base BC, indéfiniment prolongée dans les deux sens, satisfait à la question.

En portant en sens opposé, sur la perpendiculaire KL à

Ay, la longueur KL' $=$ KL, et en menant la parallèle L'B' à Ay, on trouve un second triangle isocèle AB'C dont la base B'C répond aussi à l'énoncé.

Fig. 15.

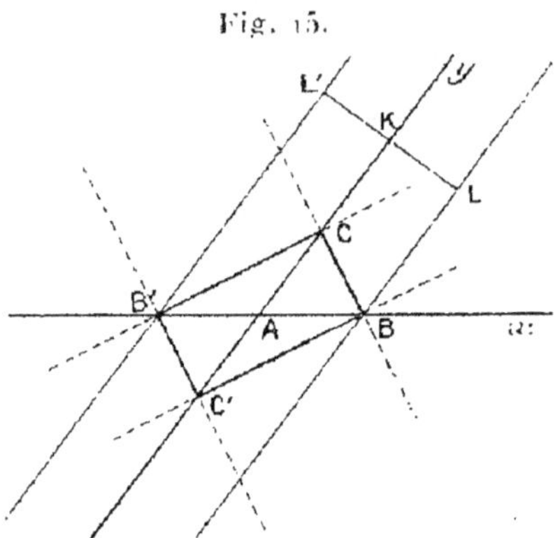

Enfin, en effectuant la même construction par rapport à Ax au lieu de l'effectuer par rapport à Ay, on détermine sur Ay le point C déjà obtenu (1er Exercice de la huitième Leçon) et un second point C' tel que AC' $=$ AC, et l'on obtient deux autres triangles isocèles ABC', AB'C', dont les bases BC', B'C' répondent encore à la question.

Finalement, le lieu demandé est composé des quatre droites indéfinies indiquées.

[Ces droites se coupent suivant un rectangle BCB'C', dont les diagonales coïncident avec les droites données Ax et Ay. *Voir* la quinzième Leçon (99).]

8. Résoudre le problème précédent dans le cas où les deux droites données sont parallèles.

Cherchons d'abord le *lieu des points dont la somme des distances aux deux parallèles données* AB, CD *est constante,* et désignons cette somme par l. Soit d la distance connue des deux parallèles. Il faut distinguer plusieurs cas.

1° On a $l > d$.

Soient M un point du lieu, nécessairement extérieur

aux parallèles données, et p sa distance à la plus rapprochée. La somme de ses distances à ces droites est

$$p + p + d,$$

d'où l'équation de condition

$$2p + d = l.$$

On en déduit

$$p = \frac{l - d}{2}.$$

Le lieu se compose alors évidemment (72) de deux parallèles aux droites données, situées respectivement l'une au-dessus de AB et l'autre au-dessous de CD, à la même distance $\frac{l - d}{2}$ de chacune de ces droites.

2° On a $l < d$.

Le problème est impossible.

3° On a $l = d$.

Tous les points situés *entre* les deux parallèles données ou *sur* ces parallèles elles-mêmes, c'est-à-dire tous les points de la *bande* ABCD répondent à la question.

Cherchons maintenant le *lieu des points dont la différence des distances aux parallèles données est constante*, et représentons cette différence par l'.

Il faut encore distinguer plusieurs cas.

1° On a $l' > d$.

Le problème est impossible.

2° On a $l' < d$.

Soient M un point du lieu et p sa distance à celle des droites données dont il est le plus éloigné. Le point M est nécessairement *intérieur* aux deux parallèles, et la différence de ses distances à ces droites est

$$p - (d - p),$$

d'où l'équation de condition

$$2p - d = l'.$$

On en déduit

$$p = \frac{l' + d}{2}.$$

Le lieu cherché se compose alors de deux parallèles aux droites données, comprises entre ces droites et situées respectivement à la même distance $\frac{l' + d}{2}$, l'une de AB, l'autre de CD.

3° On a $l' = d$.

Le lieu se compose des deux parallèles données elles-mêmes.

. 9. *La somme des perpendiculaires abaissées d'un point pris à l'intérieur d'un triangle équilatéral sur ses trois côtés est constante et égale à la hauteur du triangle (fig. 16).*

On sait que les trois hauteurs du triangle sont égales (deuxième Exercice de la huitième Leçon).

Considérons le triangle équilatéral ABC, un point O intérieur au triangle, et abaissons de ce point les perpendiculaires OP, OQ, OR sur les trois côtés.

Fig. 16.

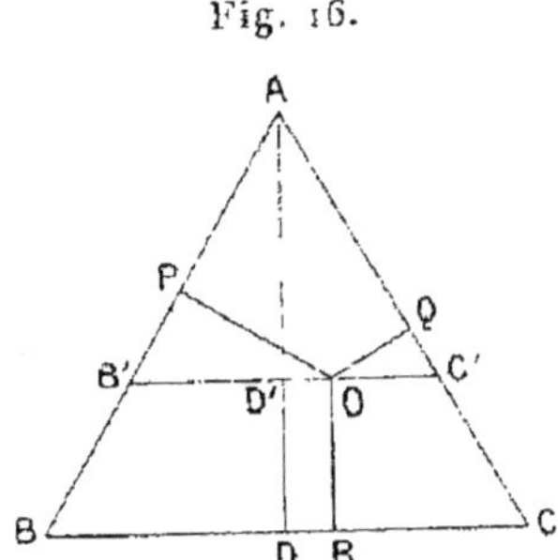

En menant par le point O la parallèle B'C' au côté BC, on forme le triangle AB'C' équiangle au triangle donné, c'est-à-dire équilatéral ou triplement isocèle. AD'D étant la perpendiculaire abaissée du sommet A sur les paralléles B'C', BC, on a donc immédiatement, d'après le sixième Exercice ci-dessus,

$$OP + OQ = AD'$$

et, par suite,

$$OP + OQ + OR = AD.$$

10. *Le point O étant extérieur au triangle équilatéral ABC, on demande comment le théorème précédent doit être modifié (fig. 17).*

En supposant les côtés du triangle indéfiniment prolongés dans les deux sens, le point O se trouve nécessairement (extérieurement au triangle) dans l'un de ses angles (par exemple, l'angle A) ou dans son opposé par le sommet B'AC'.

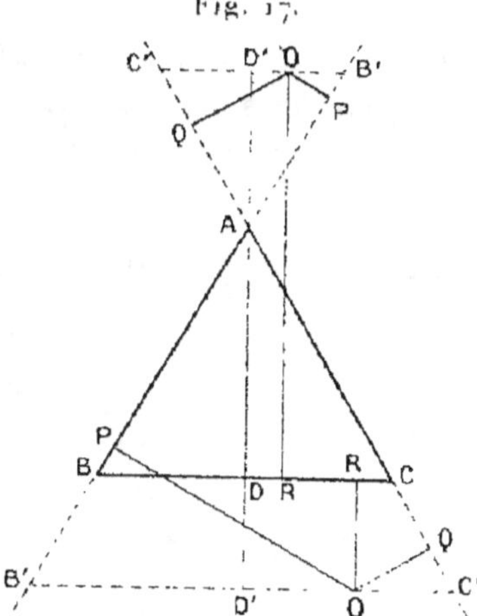

Dans la première hypothèse, on a (6), en menant toujours par le point O la parallèle B'C' au côté BC, puis par le sommet A la perpendiculaire ADD' à ces parallèles, et en remarquant que le nouveau triangle AB'C' est aussi triplement isocèle,

$$OP + OQ = AD'$$

et, par suite, puisque $AD' = AD + DD' = AD + OR$,

$$OP + OQ - OR = AD.$$

Dans la seconde hypothèse, on a

$$OP + OQ = AD' \quad \text{et} \quad OR = AD + AD',$$

d'où

$$OR - OP - OQ = AD.$$

On remarquera, en comparant ces résultats à la relation

$$OP + OQ - OR = AD$$

trouvée dans le cas où le point O est *intérieur* au triangle équilatéral ABC, que les perpendiculaires qui changent de signes dans les deux relations qu'on obtient lorsque le point O devient *extérieur*, sont celles qui changent de sens par rapport aux côtés sur lesquels elles sont abaissées.

11. *Toute droite KL passant par le milieu M d'une droite AB comprise entre deux parallèles, et limitée elle-même en K et en L à ces parallèles, a son milieu au même point M.*

En effet, les deux triangles AMK, BML sont égaux (34, 1°).

12. *Étant donné un triangle isocèle ABC, on tire une droite BD de l'extrémité B de la base BC jusqu'au*

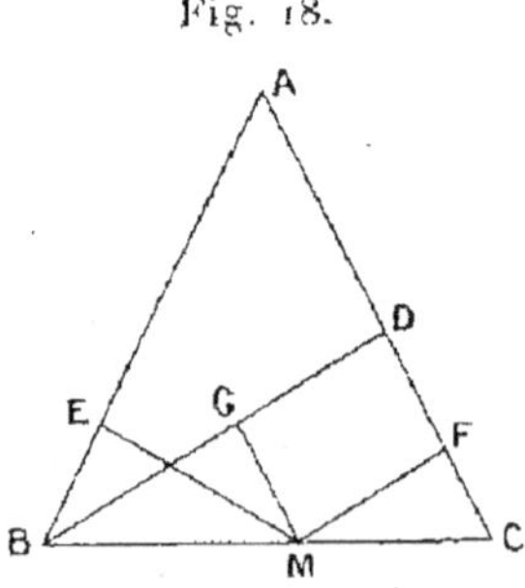

Fig. 18.

côté AC, et deux droites ME, MF d'un point quelconque M de la base jusqu'aux côtés AB et AC, ces droites faisant avec BC, *de part et d'autre du point* M, *un angle égal à celui que* BD *fait avec* BC. *Démontrer l'égalité* BD = ME + MF (*fig.* 18).

Menons MG parallèle à AC jusqu'à sa rencontre au point G avec BD. On aura MF = GD (71). L'égalité des triangles BMG, BME (34, 1°) donne ensuite ME = BG. Il en résulte

$$BD = ME + MF.$$

DOUZIÈME LEÇON.

Angles dont les côtés sont respectivement parallèles ou perpendiculaires.

1. *Si deux angles ont leurs côtés respectivement parallèles, leurs bissectrices sont parallèles ou perpendiculaires entre elles.*

2. *Si deux angles ont leurs côtés respectivement perpendiculaires, leurs bissectrices sont perpendiculaires ou parallèles entre elles.*

Les démonstrations de ces deux propositions n'offrent aucune difficulté et découlent immédiatement des propriétés établies aux n°s 75 et 76.

Si les angles qui ont leurs côtés parallèles sont égaux, leurs bissectrices sont parallèles; si ces angles sont supplémentaires, leurs bissectrices sont perpendiculaires.

Si les angles qui ont leurs côtés perpendiculaires sont égaux, leurs bissectrices sont perpendiculaires; si ces angles sont supplémentaires, leurs bissectrices sont parallèles.

TREIZIÈME LEÇON.

Somme des angles d'un triangle, d'un polygone convexe.

1. *Étant donnés un triangle ABC et un point O pris dans son intérieur, les angles obtenus en joignant le point O aux sommets A, B, C, surpassent respectivement les angles du triangle qui aboutissent aux mêmes côtés.*

Comparons, par exemple, le triangle ABC au triangle OBC qui a en commun avec lui le côté BC. La somme des angles est la même dans les deux triangles (77); mais, les angles en B et en C étant moindres dans le triangle OBC, il faut, par compensation, que l'angle BOC surpasse l'angle BAC.

2. *L'angle formé par la bissectrice AI de l'angle A d'un triangle ABC et par la perpendiculaire AH menée du sommet A sur le côté opposé BC, est égal à la demi-différence des angles B et C du triangle (fig. 19).*

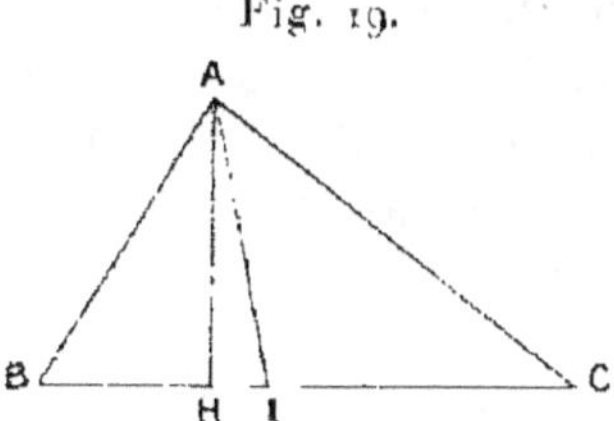

Fig. 19.

On a immédiatement sur la figure

$$HAI = HAC - \frac{A}{2} \qquad et \qquad HAI = \frac{A}{2} - HAB,$$

d'où, en ajoutant,

$$2\,\mathrm{HAI} = \mathrm{HAC} - \mathrm{HAB}.$$

Mais, dans chacun des triangles rectangles AHC, AHB, on a (80)

$$\mathrm{HAC} = 1\ \mathrm{droit} - \mathrm{C} \qquad \mathrm{et} \qquad \mathrm{HAB} = 1\ \mathrm{droit} - \mathrm{B}.$$

Il vient, par suite,

$$2\,\mathrm{HAI} = \mathrm{B} - \mathrm{C} \qquad \mathrm{ou} \qquad \mathrm{HAI} = \frac{\mathrm{B} - \mathrm{C}}{2}.$$

• 3. *Suivant que, dans un triangle, la médiane issue du sommet d'un angle est égale, supérieure ou inférieure à la moitié du côté opposé, cet angle est droit, aigu ou obtus.*

Soient le triangle ABC et la médiane AD, qui divise le triangle donné en deux autres triangles ABD, ACD.

Si l'on a AD = BD = CD, ces deux triangles sont isocèles, et les deux parties BAD, CAD de l'angle A sont égales, l'une à l'angle B et l'autre à l'angle C. L'égalité (77)

$$(1) \qquad \qquad \mathrm{A} + \mathrm{B} + \mathrm{C} = 2\ \mathrm{droits}$$

revient donc à 2 A = 2 droits, et l'angle A est droit.

Si l'on a AD > BD ou CD, l'angle B surpasse l'angle BAD et l'angle C surpasse l'angle CAD (36). La somme B + C est donc supérieure à l'angle A, alors nécessairement aigu d'après l'égalité de condition (1).

Enfin, si l'on a AD < BD ou CD, c'est l'inverse, la somme B + C est inférieure à l'angle A, alors nécessairement obtus.

4. RÉCIPROQUEMENT, *suivant que l'angle d'un triangle est droit, aigu ou obtus, la médiane issue du sommet de cet angle est égale, supérieure ou inférieure à la moitié du côté opposé.*

On n'a qu'à appliquer la loi des réciproques (9).

' 5. *Dans un triangle ABC, on mène, jusqu'au côté BC, une droite AD faisant avec le côté AB un angle égal à l'angle C et une droite AE faisant avec le côté AC un angle égal à l'angle B. Démontrer que le triangle DAE est isocèle et que ses angles à la base sont égaux à l'angle A du triangle donné ou au supplément de cet angle (fig. 20).*

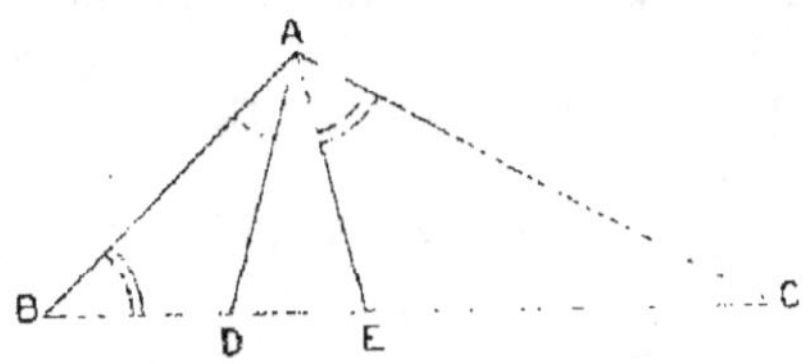

Fig. 20.

Si la figure se présente comme il est indiqué, on a (81) d'après l'énoncé

$$ADB = AEC = 2 \text{ droits } - (B + C).$$

Les angles D et E du triangle ADE, suppléments des angles ADB et AEC, sont donc tous deux égaux à B + C ou à 2 droits — BAC, et le triangle ADE est isocèle.

Si, par suite des valeurs des angles B et C du triangle donné, les droites AD et AE s'échangeaient, on aurait (78) pour les angles à la base du triangle isocèle

$$ADE = AED = 2 \text{ droits} - (B + C) = BAC.$$

6. *Si, dans un triangle rectangle, l'un des deux angles aigus est double de l'autre, l'hypoténuse est double du plus petit côté de l'angle droit (fig. 21).*

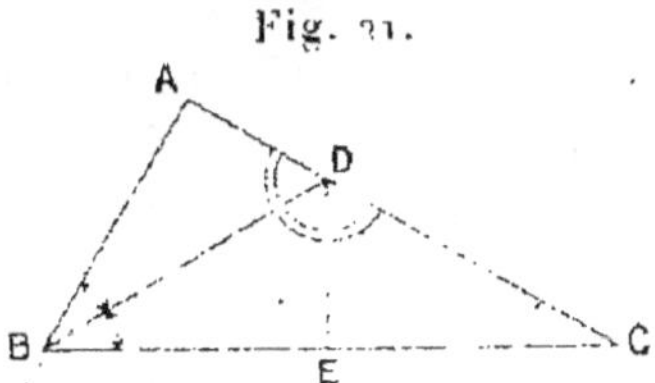

Fig. 21.

Soit le triangle rectangle BAC, où les angles aigus sont liés par la relation B = 2C.

Menons la bissectrice BD de l'angle B jusqu'au côté AC et abaissons DE perpendiculaire sur l'hypoténuse. Le triangle ABC se trouve ainsi divisé en trois triangles rectangles qui sont égaux. Les deux triangles BAD, BED ont, en effet, l'hypoténuse commune et un angle aigu égal. De plus, les trois angles autour du point D étant égaux comme représentant tous trois le complément de l'angle C, les deux triangles BED, DEC sont eux-mêmes égaux (34, 1°). On a, par suite,

$$AB = BE = EC,$$

c'est-à-dire

$$BC = 2AB,$$

7. Énoncer et démontrer la réciproque de la proposition précédente.

8. Si l'angle à la base B d'un triangle isocèle ABC est le quart de son angle au sommet A, et si l'on mène à la base BC la perpendiculaire BD jusqu'à la rencontre en D du côté AC prolongé, le triangle BAD est équilatéral.

En effet, on a alors (77), pour l'angle au sommet du triangle isocèle ABC,

$$A = 2 \text{ droits} - \frac{A}{2} \qquad \text{ou} \qquad A = \frac{4}{3} \text{ de droit.}$$

Le supplément BAD de l'angle A est donc égal à $\frac{2}{3}$ de droit. De même, l'angle ABD, complément de l'angle B du triangle isocèle ou de l'angle $\frac{A}{4}$, est aussi égal à $\frac{2}{3}$ de droit. Le troisième angle BDA du triangle BAD a donc cette même valeur (77), ce qu'on voit d'ailleurs immédiatement sur la figure, puisque BDA est le complément de l'angle C, et le triangle BAD est équilatéral (33).

9. Si un triangle équilatéral ABC et un triangle isocèle intérieur ou extérieur (A'BC ou A″BC) ont même base et sont tels, que la distance de leurs sommets

(AA′ ou AA″) soit égale à la distance du sommet inté-
rieur (A′ ou A) aux extrémités de la base commune BC,
l'angle à la base du triangle isocèle intérieur A′BC est
égal au quart de son angle au sommet, et l'angle à la
base du triangle isocèle extérieur A″BC est égal à deux
fois et demie son angle au sommet (fig. 22).

Fig. 22.

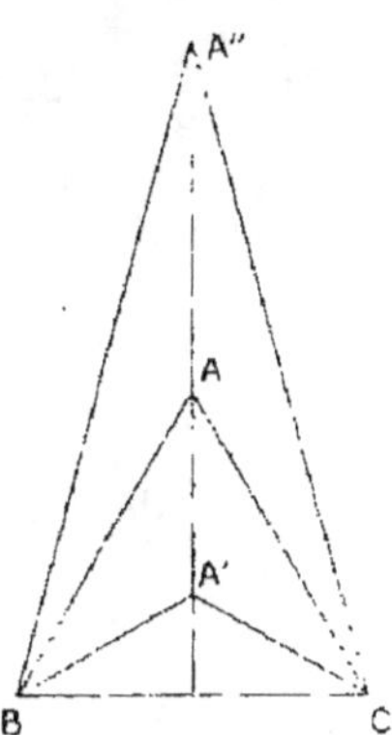

La droite A″AA′ est la bissectrice commune des angles
A″, A, A′.

Cela posé, on a, dans le cas du triangle isocèle intérieur
A′BC,

$$AA' = A'B = A'C,$$

et les triangles A′AB, A′AC sont isocèles.

L'angle d'un triangle équilatéral étant égal à $\frac{2}{3}$ de droit,
on a

$$A'BC = ABC - ABA' = ABC - BAA' = \frac{ABC}{2} = \frac{1}{3} \text{ de droit.}$$

et

$$BA'C = 2 \text{ droits} - \frac{2}{3} \text{ de droit} = \frac{4}{3} \text{ de droit.}$$

On a donc

$$A'BC = \frac{BA'C}{4}.$$

Dans le cas du triangle isocèle extérieur $A''BC$, on a

$$AA'' = AB = AC,$$

et les triangles $AA''B$, $AA''C$ sont isocèles.

On a alors

$$A''BC - ABC = \frac{BA''C}{2},$$

c'est-à-dire

$$A''BC = \frac{2}{3} \text{ de droit} + \frac{1}{2} [2 \text{ droits} - 2A''BC].$$

On en déduit

$$2A''BC = \frac{2}{3} \text{ de droit} + 1 \text{ droit} = \frac{5}{3} \text{ de droit},$$

ou

$$A''BC = \frac{5}{6} \text{ de droit}.$$

Il en résulte

$$BA''C = 2 \text{ droits} - 2A''BC = \frac{1}{3} \text{ de droit}.$$

On a, par suite,

$$\frac{A''BC}{BA''C} = \frac{5}{6} : \frac{1}{3} = \frac{5}{2}.$$

10. *Si, d'un point A pris hors d'une droite xy, on mène à cette droite la perpendiculaire AB et les obliques AC, AD, AE, ..., situées d'un même côté de la perpendiculaire et telles, que les angles BAC, CAD, DAE, ... soient égaux, les distances successives des pieds des obliques vont en croissant, et l'on a (fig. 23)*

$$BC < CD < DE < \dots.$$

En abaissant d'abord CI perpendiculaire sur AD, l'égalité des deux triangles rectangles ABC, AIC (49, 1°) donne BC = CI et, par suite, BC < CD (44, 2°).

Si l'on prolonge ensuite CI jusqu'à son point de rencontre H avec AE, les triangles rectangles AIC, AIH sont encore égaux (34, 1°) ; on a IC = IH et, par conséquent, en joignant DH (44, 1°), DH = CD. Les deux triangles ACD, ADH étant alors égaux (34, 3°), les angles ACD et AHD le sont aussi, ainsi que leurs suppléments ACB et DHE. Le complément de l'angle DHE est donc celui de

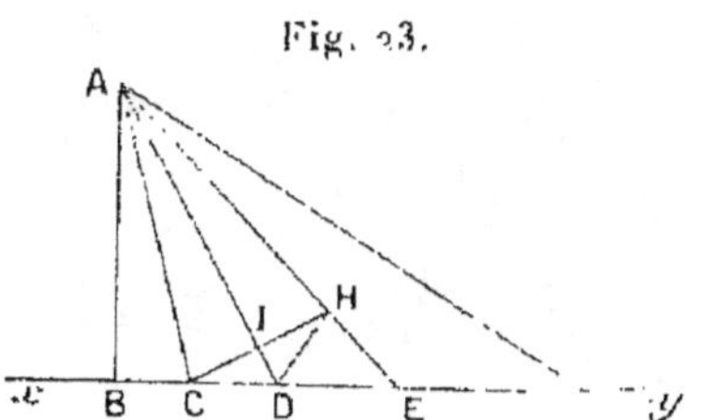

Fig. 23.

l'angle ACB, c'est-à-dire égal à BAC, tandis que le complément de l'angle HED est l'angle BAE plus grand que BAC. Par suite, l'angle DHE surpasse l'angle HED et l'on a (37), dans le triangle de même nom, DH $<$ DE ou CD $<$ DE. On continuera de la même manière.

11. *Dans tout quadrilatère convexe :*

L'angle des bissectrices de deux angles consécutifs est égal à la demi-somme des deux autres angles du quadrilatère ;

L'angle des bissectrices de deux angles opposés est égal à la demi-différence des deux autres angles.

Soit (*fig.* 24) le quadrilatère convexe ABCD. Menons

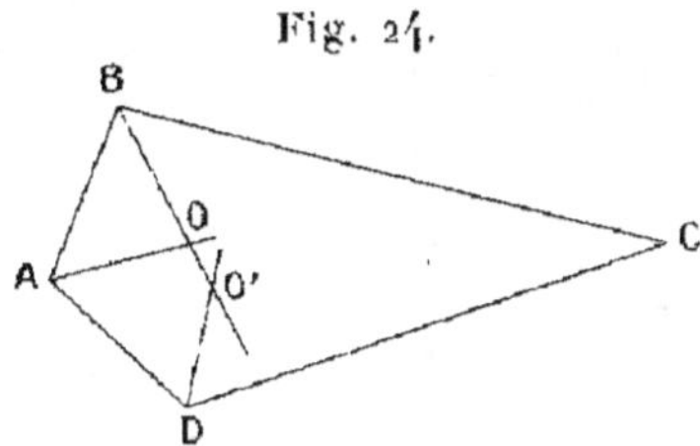

Fig. 24.

d'abord les bissectrices des angles consécutifs A et B, qui se coupent en O. On a alors, dans le triangle ABO (77), pour la valeur de l'angle en O,

$$(1) \qquad O = 2 \text{ droits} - \frac{A}{2} - \frac{B}{2}.$$

Mais (84) on a, pour la somme des angles du quadrilatère,

$$(2) \qquad A + B + C + D = 4 \text{ droits}.$$

Il en résulte

$$\frac{C + D}{2} = 2 \text{ droits} - \frac{A}{2} - \frac{B}{2}.$$

L'égalité (1) devient donc

$$O = \frac{C + D}{2}.$$

Menons maintenant les bissectrices des angles opposés B et D qui se coupent en O'. On a, pour la somme des angles du quadrilatère convexe ABO'D,

$$A + \frac{B}{2} + O' + \frac{D}{2} = 4 \text{ droits},$$

et, d'après l'égalité (2),

$$\frac{B}{2} + \frac{D}{2} = 2 \text{ droits} - \frac{A + C}{2}.$$

Il en résulte

$$A + O' + 2 \text{ droits} - \frac{A + C}{2} = 4 \text{ droits},$$

c'est-à-dire

$$O' = 2 \text{ droits} - \frac{A - C}{2}.$$

Ce résultat est bien conforme à l'énoncé; car deux droites qui se coupent font deux angles supplémentaires, dont chacun peut être pris à volonté comme l'angle des deux droites.

▸ **12.** *Les bissectrices des angles d'un quadrilatère con-*
vexe déterminent un autre quadrilatère dans lequel les
angles opposés sont supplémentaires (*fig.* 25).

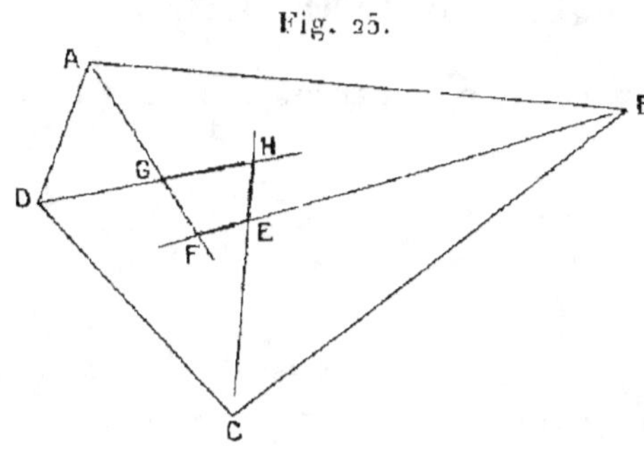
Fig. 25.

Soit le quadrilatère convexe ABCD. Les bissectrices de
ses angles consécutifs forment en se rencontrant le quadrilatère FEHG : il faut prouver que ses angles opposés sont
supplémentaires.

Or on a, dans le triangle AFB,

$$\frac{A}{2} + \frac{B}{2} + AFB = 2 \text{ droits}$$

et, dans le triangle CHD,

$$\frac{C}{2} + \frac{D}{2} + CHD = 2 \text{ droits.}$$

En ajoutant ces deux égalités, il vient évidemment (84)

$$AFB + CHD = 2 \text{ droits,}$$

c'est-à-dire, dans le quadrilatère FEHG,

$$F + H = 2 \text{ droits};$$

ce qui entraîne (84)

$$E + G = 2 \text{ droits.}$$

QUATORZIÈME LEÇON.

Points de rencontre remarquables dans le triangle.

* **1.** *Mener par un point donné* M *une droite qui aille passer par le point de concours* A, *supposé inaccessible, de deux droites données* BD, CE (*fig.* 26).

Fig. 26.

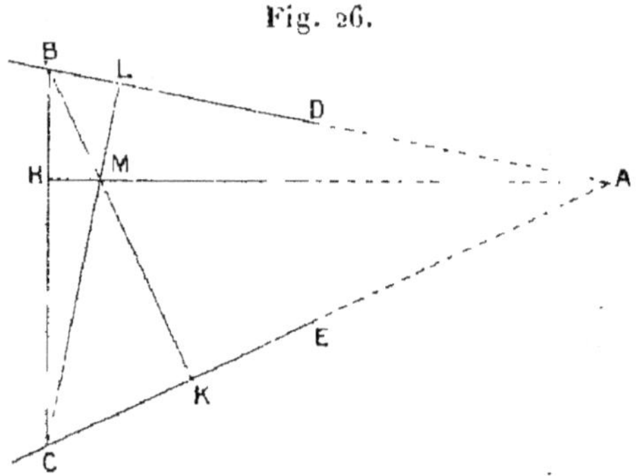

Les trois hauteurs d'un triangle se coupant en un même point (**89**), on peut opérer comme il suit :

Considérons les deux droites BDA, CEA comme les deux côtés d'un triangle, et abaissons du point donné M une perpendiculaire ML sur BD et une perpendiculaire MK sur CE. Ces perpendiculaires, prolongées en sens inverse, rencontrent respectivement BD en B et CE en C. Le point M est alors le point de rencontre des hauteurs du triangle ABC et, par suite, AM est la troisième hauteur de ce triangle. Le prolongement de la perpendiculaire MH menée du point M sur BC, ira donc passer par le point A.

• 2. *Dans tout triangle, à un plus grand côté correspond une plus petite médiane (fig. 27).*

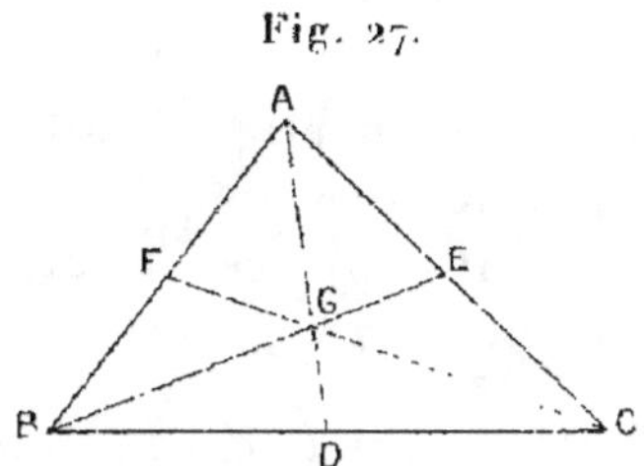

Fig. 27.

Soit un triangle ABC dans lequel on suppose AC > AB. Il faut prouver, en comparant les deux médianes correspondantes, que l'on a inversement BE < CF.

Menons la troisième médiane AD qui passe par le point de rencontre G des deux premières (90), et comparons d'abord les deux triangles ADB et ADC. Ces deux triangles ont deux côtés égaux, et le troisième AB de l'un est moindre par hypothèse que le troisième AC de l'autre. On a donc (43) ADB < ADC. Si l'on compare maintenant les deux triangles GDB, GDC, il en résulte (42) GB < GC, c'est-à-dire (91)

$$\frac{2}{3} BE < \frac{2}{3} CF \quad \text{ou} \quad BE < CF.$$

• 3. *Si, par le point d'intersection O des bissectrices des angles d'un triangle ABC, on mène, entre les côtés de l'un des angles A du triangle, une parallèle DE au côté opposé BC, la longueur interceptée DOE est égale à la somme BD + CE.*

En effet, BO et CO étant les bissectrices des angles B et C du triangle ABC et DE étant parallèle à BC, les triangles DBO et ECO sont respectivement isocèles. On a donc BD = OD et CE = OE, c'est-à-dire DOE = BD + CE.

• 4. *Si, dans le problème précédent, la parallèle au côté BC est menée par l'un quelconque des sommets du* *triangle $O'O''O'''$ formé par les bissectrices des angles extérieurs du triangle ABC (93), chercher dans quels cas et de quelle manière l'énoncé de la proposition doit être modifié.*

En suivant une marche identique, on trouve que pour le point O' il n'y a pas de changement, tandis que pour les points O'' et O''' on doit remplacer la somme des segments BD et CE par leur différence.

5. *Si l'on mène les bissectrices des angles extérieurs d'un triangle ABC, le triangle total $O'O''O'''$ et les trois triangles partiels $O'BC$, $O''CA$, $O'''AB$, que ces bissectrices déterminent autour du triangle donné, sont équiangles.*

En effet, les bissectrices des angles intérieurs du triangle ABC sont les hauteurs du triangle total (93). Par suite, les angles à la base du triangle partiel $O'BC$, par exemple, sont les compléments des demi-angles $\frac{B}{2}$ et $\frac{C}{2}$ du triangle ABC. L'angle au sommet O' du triangle $O'BC$ est donc, à son tour, le complément du demi-angle $\frac{A}{2}$ du triangle ABC; car il est égal (77) à deux droits moins les compléments de $\frac{B}{2}$ et de $\frac{C}{2}$, c'est-à-dire à $\frac{B+C}{2}$. De même, les angles à la base du triangle partiel $O''CA$ sont les compléments des demi-angles $\frac{C}{2}$ et $\frac{A}{2}$ du triangle ABC, de sorte que l'angle au sommet O'' du triangle $O''CA$ est le complément du demi-angle $\frac{B}{2}$ du triangle ABC, etc. Le triangle total et les trois triangles partiels considérés ont donc tous pour angles les compléments des demi-angles du triangle donné.

6. *Lorsqu'un triangle ABC a deux médianes égales, il est isocèle.*

Soient BD et CE les deux médianes égales qui se coupent

en G. On a alors (91) $GD = \dfrac{BD}{3}$ et $GE = \dfrac{CE}{3}$, c'est-à-dire $GD = GE$. Le triangle GDE est donc isocèle. Par suite, les deux triangles BDE, CED sont égaux (34, 2°); $BE = \dfrac{AB}{2}$ est égal à $CD = \dfrac{AC}{2}$, et l'on a $AB = AC$.

7. *Dans un triangle, le point de concours des perpendiculaires élevées sur les milieux des côtés, le point de concours des médianes et celui des hauteurs sont en ligne droite, et la distance du premier point au second est la moitié de la distance du second au troisième (fig. 28).*

Fig. 28.

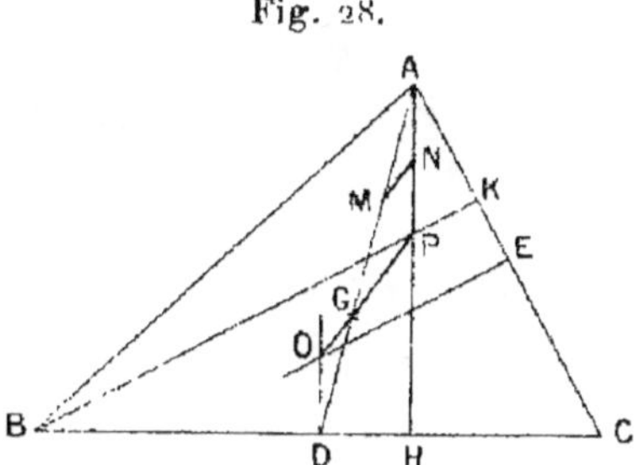

Soient, dans le triangle ABC, O le point de concours des perpendiculaires élevées sur les milieux des côtés du triangle et P le point de concours des hauteurs.

Joignons OP qui coupe la médiane AD en G; joignons de même les milieux M et N des côtés AG et AP du triangle AGP. MN est alors parallèle à OGP et égale à $\dfrac{GP}{2}$; AN, moitié de AP, est égale à OD (90).

Cela posé, les angles MAN, ODG sont égaux comme alternes-internes par rapport aux parallèles AH et DO coupées par la sécante AD; les angles APG, GOD sont égaux comme alternes-internes par rapport aux mêmes parallèles coupées par la sécante OGP. L'angle ANM, évidemment égal à l'angle APG, est donc aussi égal à l'angle GOD. Par suite, les deux triangles AMN, GOD sont égaux entre eux (34, 1°).

On a donc $AM = MG = GD$, de sorte que le point G est le point de concours des médianes du triangle (91) et, de plus, $OG = MN = \dfrac{GP}{2}$; ce qui achève de justifier l'énoncé.

QUINZIÈME LEÇON.

Propriétés des parallélogrammes.

1. Deux quadrilatères convexes sont égaux, lorsqu'ils ont un angle égal et leurs quatre côtés égaux chacun à chacun et disposés de la même manière.

Énoncer le théorème correspondant pour deux parallélogrammes, deux rectangles, deux losanges ou deux carrés.

Soient les deux quadrilatères ABCD, A'B'C'D', dont les quatre côtés sont égaux chacun à chacun et disposés de la même manière, et où l'angle A est égal à l'angle A'.

Menons les diagonales BD et B'D'. Les deux triangles ABD, A'B'D' sont égaux (34, 2°), et il en résulte BD = B'D'; ce qui entraîne l'égalité des deux triangles BCD, B'C'D' (34, 3°). En portant convenablement le premier quadrilatère sur le second, ils coïncideront donc et sont égaux.

D'après ce théorème, on voit que

Deux parallélogrammes sont égaux, lorsqu'ils ont un angle égal compris entre deux côtés égaux chacun à chacun;

Deux rectangles sont égaux lorsqu'ils ont deux côtés adjacents égaux;

Deux losanges sont égaux, lorsqu'ils ont un angle égal et un côté égal;

Deux carrés sont égaux, lorsqu'ils ont un côté égal.

2. Toute droite comprise entre deux côtés opposés d'un parallélogramme et passant par le point d'intersection de ses diagonales (c'est-à-dire par ce qu'on appelle le CENTRE *du parallélogramme) est divisée par ce point en deux parties égales et partage elle-même le parallélogramme en deux quadrilatères égaux.*

Soient le parallélogramme ABCD et la droite KL menée par son centre O et terminée aux deux côtés AB et CD.

Les deux triangles AOK, COL sont égaux (34, 1°); ce qui entraîne OK = OL, en même temps que AK = CL et, par suite, KB = LD.

Les deux quadrilatères AKLD, CLKB ont alors leurs angles égaux et leurs quatre côtés égaux et disposés dans le même ordre, en partant pour l'un du point K et pour l'autre du point L. Ils sont donc égaux (Exercice précédent).

3. *Tout quadrilatère est la moitié du parallélogramme que l'on obtient en menant par les extrémités de chaque diagonale du quadrilatère des parallèles à l'autre diagonale (fig. 29).*

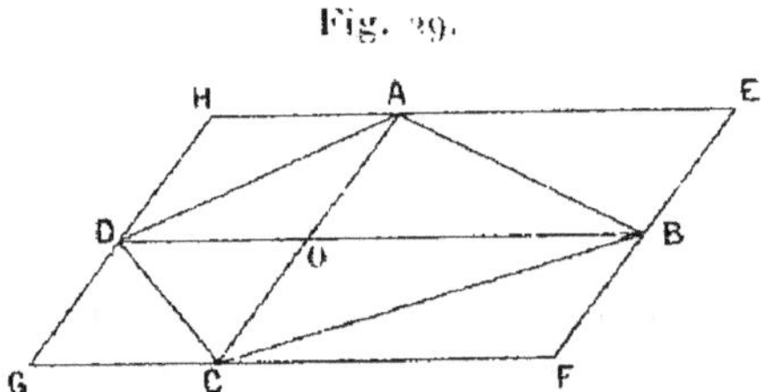

Soient le quadrilatère ABCD, dont les diagonales se coupent en O, et EFGH le parallélogramme qu'on en déduit par la construction indiquée dans l'énoncé.

Les diagonales du quadrilatère divisent le parallélogramme EFGH en quatre parallélogrammes partiels, qui ont chacun pour l'une de leurs diagonales l'un des côtés du quadrilatère, et ce côté divise le parallélogramme correspondant en deux triangles égaux. Quatre des huit triangles ainsi obtenus forment le quadrilatère, et les quatre autres, égaux aux premiers chacun à chacun, représentent l'excès du parallélogramme EFGH sur le quadrilatère intérieur ABCD. Le théorème est donc démontré.

·4. *Déduire de la proposition précédente que deux quadrilatères ont même surface, lorsque leurs diagonales sont respectivement égales et se coupent sous le même angle.*

En effet, les parallélogrammes, déduits de ces quadrilatères par la construction précédente, sont alors égaux comme ayant un angle égal compris entre deux côtés égaux chacun à chacun (1er Exercice).

5. Les droites qui joignent successivement les milieux des côtés d'un quadrilatère quelconque forment un parallélogramme.

Soient le quadrilatère donné ABCD et le quadrilatère EFGH obtenu en joignant successivement les milieux de ces côtés.

Les deux côtés opposés EF et HG du nouveau quadrilatère sont parallèles à la diagonale AG du quadrilatère donné et égaux à sa moitié (74). La figure EFGH est donc un parallélogramme (97, 3°).

6. En divisant arbitrairement, mais de la même manière, les côtés d'un carré, et en joignant successivement les points de division, on forme un nouveau carré inscrit ou ex-inscrit dans le premier (fig. 3o).

Fig. 3o.

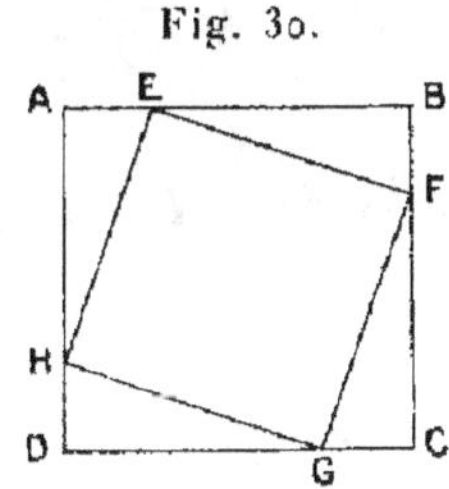

Soit le carré ABCD. Prenons une longueur arbitraire et

portons-la successivement sur ses différents côtés à partir de la même extrémité : ainsi, AE sur AB, BF = AE sur BC, CG = BF sur CD, DH = CG sur DA. La figure EFGH est un carré.

En effet, les triangles rectangles AEH, BFE, CGF, DHG sont égaux (34, 2º). Leurs hypoténuses sont donc égales. De plus, l'angle AHE étant égal à l'angle BEF, l'angle AEH est le complément de l'angle BEF, de sorte que l'angle HEF est droit. Il en est de même des angles EFG, FGH, GHE. Par suite, la figure EFGH est bien un carré.

Si la longueur arbitraire AE est moindre que le côté AB du carré donné, le nouveau carré est *inscrit* dans ce carré. Si AE surpasse AB, les triangles rectangles AEH, BFE, ... sont extérieurs au lieu d'être intérieurs, et le carré EFGH devient *ex-inscrit* au carré donné.

7. *Si, par un point quelconque de la base d'un triangle isocèle, on mène des parallèles aux deux autres côtés du triangle, on forme un parallélogramme dont le périmètre est constant.*

Soient le triangle isocèle ABC et le point M pris sur sa base. Menons par le point M, jusqu'aux côtés du triangle, les droites ME et MD respectivement parallèles à ces côtés. La figure ADME sera un parallélogramme.

Les deux triangles DBM, ECM, ayant leurs côtés parallèles à ceux du triangle ABC, ont les mêmes angles (82) et sont isocèles. Le périmètre du parallélogramme ADME est alors égal à la somme des deux côtés AB et AC, quel que soit le point M, c'est-à-dire que ce périmètre est constant.

8. *Dans tout trapèze isocèle, les angles opposés sont supplémentaires.*

Soit le trapèze isocèle ABCD, où les deux côtés AD et BC sont égaux. En menant BE parallèle à AD, on divise le trapèze en un triangle isocèle BEC et en un parallélogramme ABED. Les angles E et C du triangle BEC sont égaux. L'angle D du parallélogramme ABED est égal à l'angle E comme correspondant, et il est en même temps le supplément de l'angle A du trapèze, ces deux angles étant intérieurs d'un même côté par rapport aux parallèles AB et DC coupées par la sécante AD. Donc les angles opposés A et C du trapèze isocèle sont supplémentaires. Les deux autres angles opposés B et D sont alors eux-mêmes supplémentaires (84).

' 9. *Étant donné un parallélogramme ABCD, on prend en sens inverse, sur les côtés opposés AB, CD, deux longueurs AE et CF, arbitraires mais égales; de même, sur les côtés opposés AD, BC, on prend en sens inverse les longueurs arbitraires mais égales AH et CG.*

On demande de démontrer :

Que la figure EGFH est un parallélogramme inscrit dans le parallélogramme proposé;

Que le centre du parallélogramme donné est en même temps celui de tous les parallélogrammes qu'on peut y inscrire de cette manière (fig. 31).

Fig. 31.

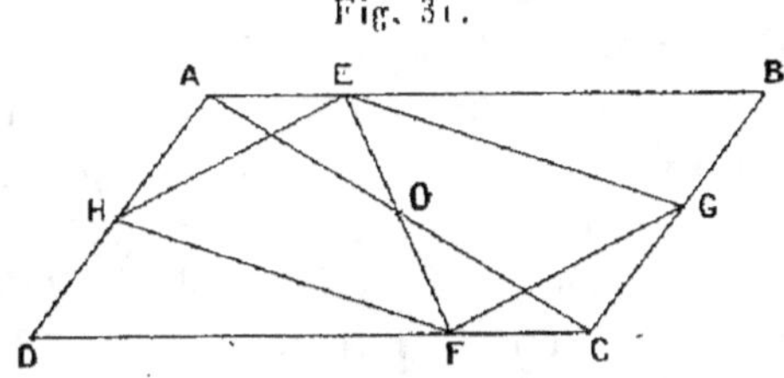

Puisque l'on a AE = CF, AH = CG, et que les angles opposés d'un parallélogramme sont égaux, les deux triangles AEH, CFG sont égaux (34, 2°). On en conclut EH = FG. Les deux triangles BEG, DFH sont égaux à leur tour, puisque les angles B et D sont égaux et qu'on a BE = DF et BG = DH, comme différences de quantités égales. On en conclut EG = FH. Le quadrilatère EGFH ayant ses côtés opposés égaux deux à deux, est donc un parallélogramme (97, 1°).

En second lieu, menons la diagonale AC du parallélogramme donné et la diagonale EF du parallélogramme qu'on vient d'y inscrire. Ces deux diagonales se coupent en O. Les deux triangles AOE, COF étant égaux (34, 1°), le point O est à la fois le milieu des deux diagonales AC et EF, et les deux parallélogrammes considérés ont le même centre.

Selon les longueurs arbitraires choisies et le sens dans lequel elles sont portées, le quadrilatère EGFH peut se trouver ex-inscrit au lieu d'être inscrit. La démonstration précédente subsiste.

10. *Le point de rencontre O des droites EF et GH qui joignent les milieux des côtés opposés d'un quadrilatère concexe ABCD est le milieu de la droite IK qui unit les milieux des diagonales AC et BD de ce quadrilatère.*

D'après l'Exercice 5, la figure EGFH est un parallélogramme ayant pour diagonales les droites EF et GH, c'est-à-dire pour *centre* leur point de rencontre O (2ᵉ Exercice).

D'ailleurs, dans le triangle CDA, la droite EI est parallèle au côté DA et égale à sa moitié (74); la droite FK remplit les mêmes conditions dans le triangle ABD. Par suite, les droites EI, FK sont égales et parallèles, et les deux triangles EOI, FOK sont égaux (33, 2°) de sorte qu'on a IO = OK. De plus, les angles EOI, FOK sont égaux et, comme ils sont dans la position d'opposés par le sommet, IOK est une seule et même ligne droite dont le milieu est O (1ᵉʳ Exercice de la deuxième Leçon).

11. ABCD *étant un parallélogramme,* E *et* F *les milieux des côtés opposés* AB *et* CD, *les droites* DE *et* BF, *qui coupent la diagonale* AC *en* G *et en* H, *la divisent en ces points en trois parties égales* (*fig.* 32).

En effet, la figure DEBF étant un parallélogramme (97, 3°), menons par les points E et F, entre les côtés DE et BF, les parallèles EK et FL à AC. Les deux triangles

AEG, EBK sont égaux (34, 1°), et l'on a AG = EK. De même, les deux triangles DFL, FCH sont égaux, et l'on a

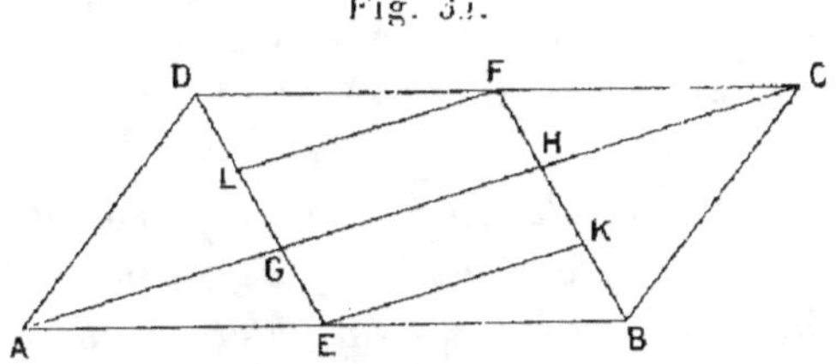

Fig. 32.

LF = HC. D'ailleurs, GH = EK = LF (71). Par suite, on a

$$AG = GH = HC.$$

12. *Étant données deux parallèles XY, X'Y' et deux points A et B situés hors de ces parallèles et de côtés différents, on demande de trouver le plus court chemin de A en B par une ligne brisée AMNB telle, que la portion MN comprise entre les deux parallèles ait une direction déterminée (fig. 33).*

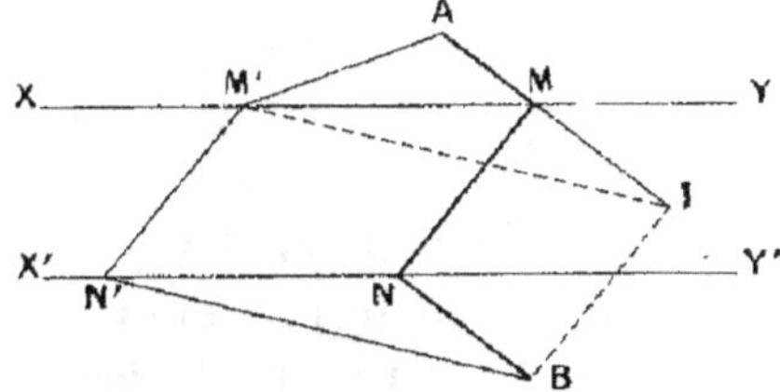

Fig. 33.

Si l'on transporte la portion intermédiaire MN du chemin cherché au point B, ce qui revient à mener BI parallèle à la direction donnée et égale à la longueur constante que les deux parallèles XY, X'Y' interceptent sur les droites ayant cette direction, on voit que la longueur de l'un quelconque AM'N'B des chemins considérés dans l'énoncé est égale à celle de la ligne brisée AM'IB, en vertu du parallélogramme M'N'BI. Cette longueur se compose donc d'une partie constante BI et d'une partie variable AM′I dont il reste à chercher le minimum. Ce minimum est représenté par la ligne droite AI (40), qui coupe XY en M. Connaissant M, on n'a plus qu'à tirer MN parallèle à la direction donnée et à tirer NB, pour obtenir le plus court chemin demandé AMNB.

• **13.** *Les bissectrices des angles d'un parallélogramme forment un rectangle dont les diagonales sont parallèles aux côtés du parallélogramme et égales à la différence de ses côtés adjacents. Lorsque le premier quadrilatère devient un rectangle, le second devient un carré (fig. 34).*

Fig. 34.

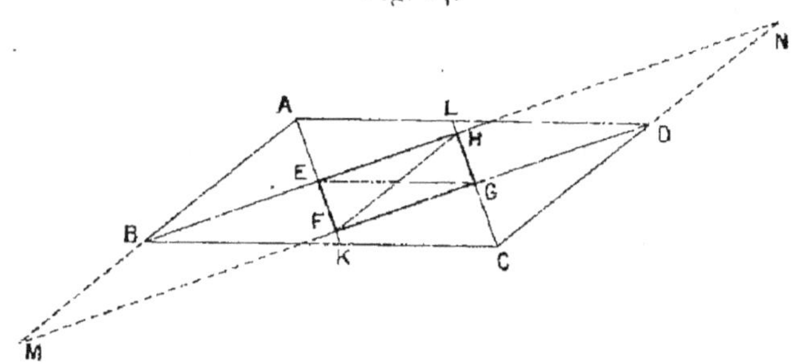

Soit le parallélogramme ABCD. Les angles opposés ayant leurs côtés parallèles et de sens contraires, leurs bissectrices sont elles-mêmes parallèles (1ᵉʳ Exercice de la douzième Leçon) et forment par leurs rencontres un parallélogramme EFGH, qui est un rectangle.

En effet, l'angle extérieur AEH du triangle ABE est égal à la somme des deux angles intérieurs ABE + BAE ou à la moitié de la somme de deux angles consécutifs du parallélogramme, c'est-à-dire à un droit (67, 4°).

Prolongeons maintenant AF jusqu'à sa rencontre K avec le côté BC. Les angles DAK, AKB sont égaux comme alternes-internes. Le triangle ABK est donc isocèle, et BE est sa hauteur (31). De même, si l'on prolonge CH jusqu'à sa rencontre L avec le côté AD, le triangle DCL est isocèle et DG est sa hauteur. D'ailleurs, la figure AKCL est un parallélogramme, et la diagonale EG du rectangle EFGH, qui joint les milieux des côtés AK, CL de ce parallélogramme est parallèle aux côtés AD, BC du parallélogramme donné. On voit de même, en prolongeant les bissectrices BH et DF jusqu'à leurs rencontres en N et en M avec les côtés CD et AB prolongés, que ADM est un triangle isocèle dont la hauteur est AF et que BCN est un triangle isocèle dont la hauteur est CH. La diagonale FH du rectangle EFGH joint donc les milieux des côtés BN, DM du parallélogramme BMDN, et est parallèle aux côtés AB, CD du parallélogramme donné.

De plus, le triangle ABK étant isocèle, on a

$$EG = FH = KC = BC - BK = BC - AB.$$

Si le parallélogramme ABCD devient un rectangle, les diagonales de EFGH sont à angle droit, c'est-à-dire que le rectangle EFGH devient un losange et, par conséquent, un carré (100, 95).

- 14. *On donne un triangle ABC et ses médianes BE, CD. On tire alors DF parallèle à BE et EF parallèle à AB jusqu'à leur rencontre en F, et l'on joint CF. Démontrer que les trois côtés du triangle CDF représentent les trois médianes du triangle ABC (fig. 35).*

Fig. 35.

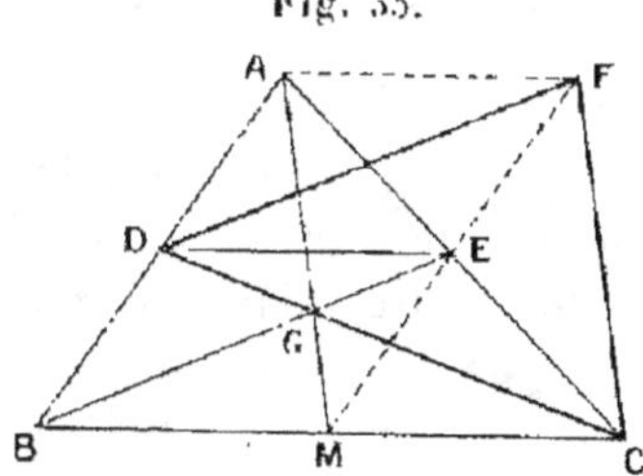

La figure BEFD étant un parallélogramme, on a

$$DF = BE,$$

et il reste seulement à prouver que le côté CF du triangle

CDF est égal à la troisième médiane AM du triangle ABC.

Or, EF, menée parallèlement à AB par le milieu E de AC, vient couper le côté BC en son milieu M (73), et l'on a

$$AD = DB = FE.$$

Les figures ADEF, ABMF sont donc des parallélogrammes, ainsi que la figure AMCF, et l'on a CF = AM.

15. *D'un triangle isocèle ABC, détacher, par une parallèle à la base BC, un trapèze BCDE qui, ayant l'une de ses bases égale à celle du triangle, ait ses trois autres côtés égaux entre eux.*

Il suffit de mener les bissectrices BD, CE des angles à la base du triangle ABC et de joindre DE. Les deux triangles ABD, ACE sont égaux (34, 1°). Par suite, AD = AE. Le triangle ADE étant isocèle est équiangle au triangle ABC (77), et DE est parallèle à BC (68). Les deux triangles BDE, CDE sont alors isocèles (67, 1°), et l'on a CD = DE = EB.

16. *Dans tout trapèze ABCD, les quatre points milieux des deux côtés non parallèles AD, BC et des deux diagonales AC, BD sont sur une même droite EF parallèle aux deux bases du trapèze; la distance EF des points extrêmes est égale à la demi-somme de ces bases; la distance GH des points intermédiaires est égale à leur demi-différence.*

Joignons les milieux E et G du côté AD et de la diagonale AC. La droite EG sera parallèle aux deux bases du trapèze (74, 64). Par suite, dans le triangle ACB, le point F où EG prolongée coupe le côté BC est le milieu de ce côté (73); et, dans le triangle ADB, le point H où EGF coupe la diagonale BD est le milieu de cette diagonale.

Cela posé, $EG = \dfrac{CD}{2}$ et $GF = \dfrac{AB}{2}$, d'où

$$EF = \frac{AB + CD}{2}.$$

De même, $EH = \dfrac{AB}{2}$ et $EG = \dfrac{CD}{2}$, d'où

$$GH = \frac{AB - CD}{2}.$$

17. *ABCD étant un parallélogramme, on mène par le sommet A une droite quelconque XY. Démontrer que la distance du sommet C à cette droite est la somme ou la différence des distances des sommets B et D à cette même droite, suivant qu'elle tombe en dehors ou en dedans du parallélogramme (fig. 36).*

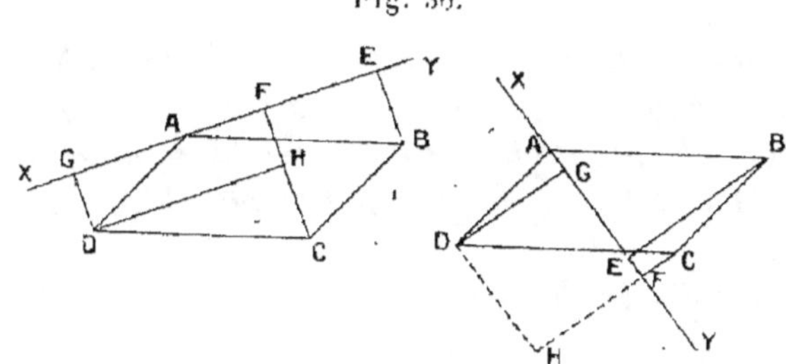

Fig. 36.

Abaissons sur XY les perpendiculaires BE, CF, DG, et menons à XY une parallèle DH jusqu'à sa rencontre avec CF, prolongée ou non.

Dans le premier cas, les deux triangles rectangles AEB, DHC étant égaux (49, 1°), on a

$$BE = CH \qquad \text{et, par suite,} \qquad CF = BE - DG \ (71).$$

Dans le second cas, les deux mêmes triangles rectangles AEB, DHC sont égaux, d'où $BE = CH$. Mais, les trois points B, C, D n'étant plus du même côté de XY, on a

$$CH = CF + DG, \qquad \text{c'est-à-dire} \qquad CF = BE - DG.$$

SEIZIÈME LEÇON.

Figures symétriques par rapport à une droite ou par rapport à un point.

1. On donne une droite xy et deux points A et B situés d'un même côté par rapport à xy : déterminer sur cette droite le point M pour lequel la somme des distances AM et MB est la plus petite possible (ou est un minimum). — Importance de ce problème au point de vue physique (fig. 37).

Fig. 37.

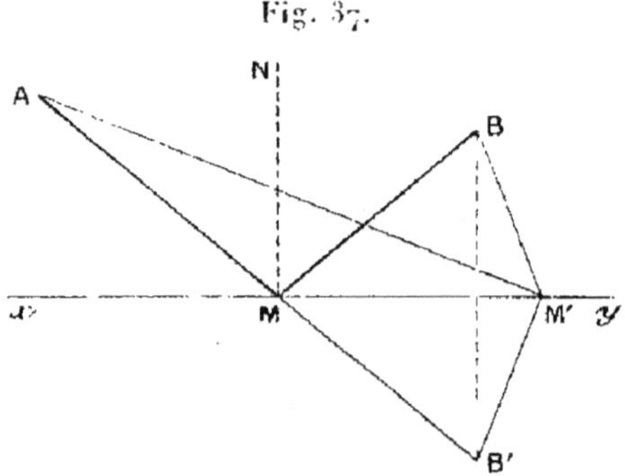

Il suffit de remarquer que, si les points A et B étaient situés de part et d'autre de *xy*, on résoudrait immédiatement la question en tirant la droite AB, qui couperait *xy* au point demandé M.

On est ainsi conduit à construire le symétrique B' du point B par rapport à *xy* (104), et à joindre AB' qui coupe

xy au point cherché M. En comparant le chemin AMB ou son égal AMB′ à tout autre chemin A M′B ou A M′B′, passant par un autre point M′ de xy, on vérifie facilement l'exactitude du résultat (40).

On voit, en même temps, que les angles des deux droites symétriques BM et B′M avec l'axe xy étant égaux (107), les angles AMx et BMy le sont aussi. Par suite, les deux droites qui forment le plus court chemin cherché sont également inclinées sur la droite xy, de part et d'autre du point M, de sorte que le prolongement de l'une se confond avec la symétrique de l'autre par rapport à xy.

Or, si l'on élève sur xy, au point M, une perpendiculaire ou une *normale* MN, les deux angles AMN, BMN, situées de part et d'autre de la normale, qui sont appelés : le premier, *angle d'incidence*, l'autre, *angle de réflexion*, sont égaux, dans le cas considéré, comme compléments d'angles égaux.

On peut donc énoncer le résultat trouvé sous cette nouvelle forme : *Lorsque le chemin brisé* AMB *est le plus court possible, l'angle d'incidence est égal à l'angle de réflexion; et, réciproquement.*

D'après une loi physique, tout rayon lumineux, ou sonore, ou calorifique, partant du point A et venant frapper xy, se réfléchit de manière que l'angle de réflexion soit égal à l'angle d'incidence. Il en est de même pour une sphère élastique de très petit rayon, partant de A et venant frapper une bande élastique figurée par xy.

Dans ces conditions, le chemin brisé, formé par le rayon (ou trajet) incident et par le rayon (ou trajet) réfléchi, est donc toujours un minimum.

Nous remarquerons, en terminant, que, si le point M′ s'éloigne indéfiniment du point M, en restant sur xy à droite ou à gauche de ce point, la somme AM′ + M′B ou AM′ + M′B′ croît elle-même *indéfiniment* d'après un théorème connu (41), de sorte que la somme des distances d'un point quelconque de xy, aux points A et B, comporte un *minimum*, sans être susceptible d'un *maximum*.

2. On considère un billard XYZU, et l'on demande dans quelle direction il faut lancer une bille A pour qu'elle vienne rencontrer une autre bille B, après avoir touché les quatre bandes du billard (fig. 38).

Fig. 38.

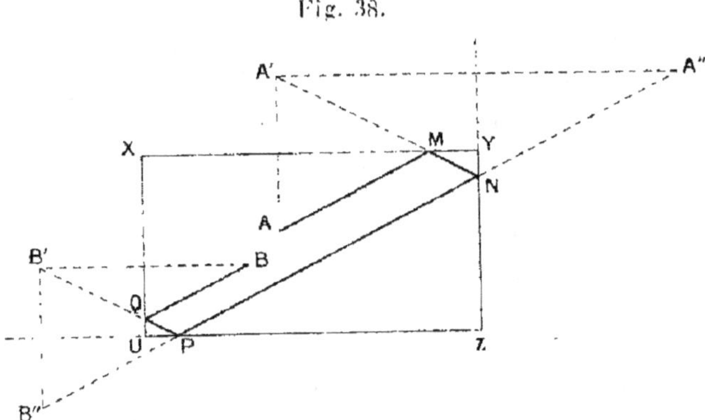

Nous admettons ici que les côtés du billard peuvent être assimilés à des droites parfaitement élastiques et la bille A à une sphère élastique de très petit rayon.

La solution de la question découle alors immédiatement de celle du problème précédent (1).

Supposons, en effet, le problème résolu et soit AMNPQB le chemin que doit suivre la bille A pour venir choquer la bille B, après avoir touché les quatre bandes.

D'après (1), les angles AMX, NMY étant égaux, le prolongement de NM passera par le point A', symétrique de A, par rapport à XY. Les angles MNY, PNZ étant égaux, le prolongement de PN passera par le point A'', symétrique de A', par rapport à YZ. Les angles NPZ, QPU étant égaux, le prolongement de NP représentera la droite symétrique de PQ par rapport à ZU.

Enfin, les angles PQU, BQX étant égaux, le prolongement de PQ passera par le point B', symétrique de B par rapport à UX. Il en résulte que le point B'' symétrique de B', par rapport à ZU, appartiendra au prolongement de NP.

Ainsi, en joignant les deux points A″ et B″ qu'on peut déterminer *a priori*, on obtient une droite qui coupe les deux côtés YZ et ZU aux points N et P. La droite NA′ fait alors connaître le point M, et la droite PB′ fait connaître le point Q; ce qui achève la construction du chemin cherché.

On voit immédiatement que la droite A″B″ représente la longueur du chemin total parcouru par la bille.

La figure montre que les angles aigus formés par ce chemin brisé avec les côtés opposés du billard sont égaux comme compléments d'angles égaux. Les droites AM, NP, QB sont donc parallèles entre elles, et il en est de même des droites MN et PQ.

.3. *Quelle route doit suivre la bille A du problème précédent pour revenir à son point de départ, après avoir touché les quatre bandes du billard?*

Il suffit, dans l'analyse ci-dessus (2), de faire coïncider le point B avec le point A. D'après cette analyse (dernier alinéa), QB et AM formeront une seule et même ligne droite. Le chemin parcouru par la bille A devient ainsi le périmètre du parallélogramme MNPQ, dont le dernier côté est QAM.

Ce parallélogramme a d'ailleurs ses côtés parallèles aux diagonales du billard ou du rectangle XYZU, et son périmètre est égal à la somme de ces mêmes diagonales.

Pour le démontrer, supposons la *fig.* 38 adaptée à ce nouveau cas, et prolongeons AM jusqu'à son point de rencontre C avec ZY. Les deux triangles rectangles MYC, MYN étant égaux, comme ayant un côté commun et un angle aigu égal, on a YC = YN. Les deux triangles rectangles MYN, PUQ étant égaux à leur tour, comme ayant l'hypoténuse égale et un angle aigu égal, on a

$$UQ = YN = YC.$$

UQ et YC étant, en outre, parallèles, la figure YCQU est un parallélogramme, et le côté QAM du parallélogramme

décrit par la bille est parallèle à la diagonale UY du
billard.

On prouvera de même que le côté MN du parallélogramme MNPQ est parallèle à la diagonale XZ du billard,
en prolongeant QP jusqu'à sa rencontre en D avec YZ et
en montrant que la figure XZDQ est un parallélogramme.

Chaque diagonale XZ, UY du billard est d'ailleurs, évidemment, égale au demi-périmètre du parallélogramme
AMNPQA parcouru par la bille. On a, par exemple,

$$UY = GQ = MN + MQ.$$

4 ([1]). *On donne une droite xy et deux points* A *et* B
situés de côtés différents par rapport à xy : *déterminer
sur cette droite, le point* M *pour lequel la différence des
distances* AM *et* BM *est la plus grande possible (ou est
un maximum).* — *Discussion (fig. 39).*

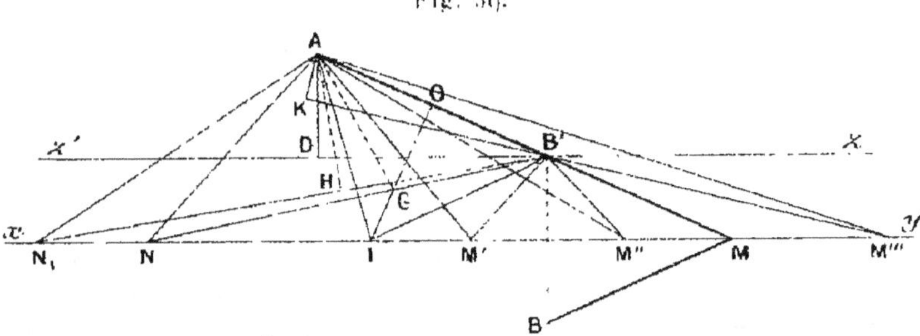

Fig. 39.

Le point A étant supposé plus éloigné de xy que le
point B, il suffit de remarquer que, si les points A et B
étaient situés d'un même côté de xy, on résoudrait immédiatement la question en tirant la droite AB, qui couperait
xy au point demandé M (39).

On est ainsi conduit à construire le symétrique B' du

([1]) A une première lecture, on peut laisser de côté cet Exercice,
dans la discussion duquel intervient la notion des *quantités néga-
tives.*

point B, par rapport à xy, et à joindre AB' qui vient couper xy au point cherché M.

Pour établir que la différence AM — BM est la plus grande possible, nous remarquerons d'abord que tout point de xy est à la même distance des points B et B'. Dans la discussion qui suit, nous remplacerons donc partout B par B', et nous considérerons AM — B'M = AB' à la place de AM — BM.

Si l'on élève sur le milieu O de AB' une perpendiculaire qui rencontre xy au point I, on a pour ce point

$$AI - B'I = 0,$$

c'est-à-dire que la différence dont nous voulons étudier les variations est alors *nulle*.

En supposant A à gauche de B', considérons les points de xy situés à *droite* de I. Soient deux points quelconques M' et M″ compris entre I et M. On a évidemment sur la figure (7ᵉ Exercice de la sixième Leçon)

$$AM'' + B'M' > AM' + B'M''$$

ou

$$AM'' - B'M'' > AM' - B'M'.$$

La différence dont il s'agit va donc *en augmentant*, depuis le point I, où elle est nulle, jusqu'au point M *où elle passe par un maximum*.

En effet, si l'on prend sur xy un point quelconque M‴ au delà de M, on a à la fois (39)

$$AM'' - B'M'' < AB' \qquad \text{et} \qquad AM''' - B'M'' < AB'.$$

En raisonnant comme précédemment, on prouve d'ailleurs que la différence AM‴ — B'M″ va *en diminuant*, à mesure que le point M‴ s'éloigne du point M vers la droite.

Cette différence ne diminue pas indéfiniment. A mesure que M‴ s'éloigne sur xy, les deux droites AM‴ et B'M‴ tendent à devenir parallèles entre elles et à xy. Mais, si l'on abaisse AK perpendiculaire sur $B'M'''$, on a (**17** ; **44**, 2°)

$$AM''' > KM'''$$

et, par suite,

$$AM''' - B'M'' > KM''' - B'M'' \text{ ou que } KB'.$$

Donc, si l'on mène par le point B' la parallèle $B'z$ à xy vers la droite, et si l'on abaisse du point A la perpendiculaire AD sur cette parallèle, la distance DB' est la limite vers laquelle tend, en diminuant, la différence $AM''' - B'M''$.

Prenons maintenant sur xy un point quelconque N situé *à gauche* du point I. La différence $AN - B'N$ devient *négative*; car si B'N coupe OI en G, B'N équivaut à $AG + GN$ et surpasse AN. La valeur *absolue* de cette différence, $B'N - AN$ est toujours moindre que AB', et l'on peut prouver qu'elle *augmente* à mesure que le point N, *en s'éloignant vers la gauche*, vient occuper une nouvelle position N_1. On n'a pour cela qu'à poser, pour les points N et N_1, les mêmes relations que précédemment pour les points M' et M''. Il en résulte que la différence *négative* $AN - B'N$ va *en diminuant*.

Elle ne diminue pas sans limite; car, si l'on abaisse la perpendiculaire AH sur $B'N_1$, on a

$$B'N_1 - AN_1 < B'N_1 - HN_1$$

ou

$$B'N_1 - AN_1 < B'H.$$

Or, à la limite, $B'N_1$ devient la parallèle $B'z'$ menée vers la gauche à xy par le point B', c'est-à-dire le prolongement de $B'z$ dans cette direction. La perpendiculaire AH se confond alors avec AD, de sorte que la limite de la différence *absolue* $B'N_1 - AN_1$ est encore DB'.

En résumé, la différence considérée, *positive* à droite de I et *négative* à gauche de ce point, passe, dans sa variation continue, par un *maximum positif* AB', lequel est compris entre *deux minimums* égaux en valeur absolue, l'un *positif* $+$ DB', et l'autre *négatif* $-$ DB'.

5. *Étant donnés un angle XOY et un point A dans l'intérieur de cet angle, trouver, parmi les triangles ABC qui ont un sommet en A et leurs sommets B et C respectivement situés sur OX et sur OY, celui dont le périmètre est un minimum (fig. 40).*

Fig. 40.

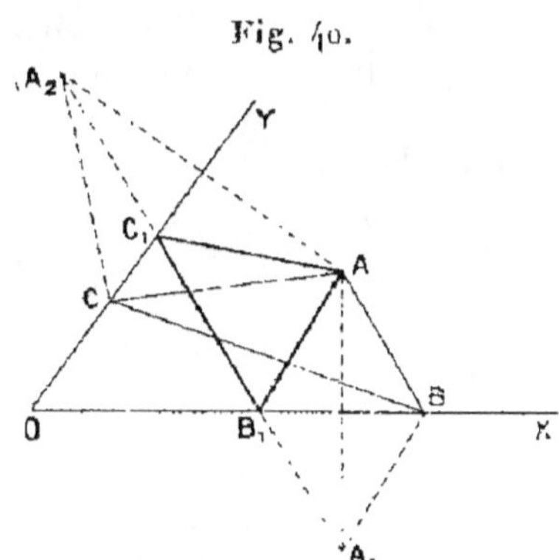

Déterminons les points symétriques A_1 et A_2 du sommet A par rapport aux axes OX et OY, et joignons $A_1 A_2$. Les points d'intersection B_1 et C_1 de cette droite avec les côtés de l'angle XOY sont les deux autres sommets du triangle demandé $AB_1 C_1$.

En effet, le périmètre du triangle quelconque ABC est représenté (108) par la ligne brisée $A_1 BCA_2$, tandis que le périmètre du triangle $AB_1 C_1$ est figuré par la ligne droite $A_1 A_2$ terminée aux mêmes extrémités.

6. *Parmi tous les triangles formés avec un angle donné A compris entre deux côtés dont la somme donnée soit constante, le triangle dont le périmètre est un minimum est le triangle isocèle ABC où les côtés AB et AC sont égaux à la moitié de la somme constante (fig. 41).*

En effet, sur les côtés AB et AC du triangle isocèle ABC ou sur leurs prolongements, prenons arbitrairement, en sens inverse à partir de leurs extrémités, BM = CN, et joignons MN. La somme des côtés de l'angle A restant constante dans les deux triangles ABC et AMN, il suffit de démontrer qu'on a

$$MN > BC.$$

Pour cela, menons NP égale et parallèle à MB. La figure BMNP sera un parallélogramme, et l'on aura MN = BP. Joignons CP.

Fig. 41.

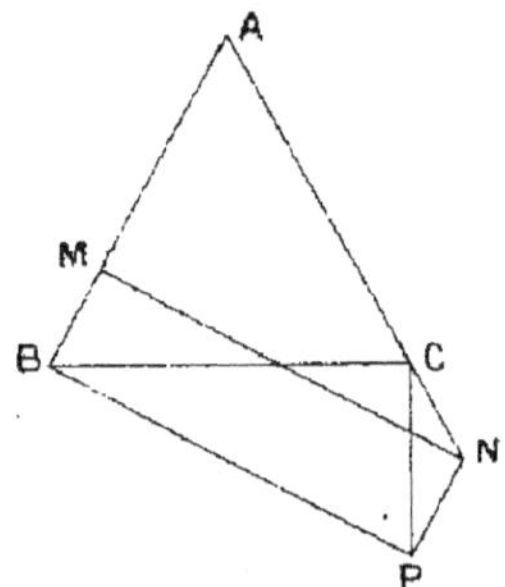

A cause des parallèles AMB et NP coupées par la sécante AN, les deux angles BAC et CNP sont supplémentaires (67, 4°). D'ailleurs, puisqu'on a CN = BM = NP, le triangle NCP est isocèle comme le triangle ABC, et l'on a (77)

$$ACB = \frac{2 \text{ droits} - BAC}{2}, \qquad NCP = \frac{2 \text{ droits} - CNP}{2}.$$

Il en résulte

$$ACB + NCP = 2 \text{ droits} - \frac{BAC + CNP}{2} = 1 \text{ droit}.$$

Les angles ACB et NCP étant complémentaires, CP est perpendiculaire sur BC, et l'on a

$$BP \qquad \text{ou} \qquad MN > BC.$$

7. *On donne un triangle quelconque ABC, et l'on prend sur les prolongements des côtés de l'angle A des longueurs BB' et CC' telles, que leur somme soit égale* *au troisième côté* BC *du triangle. Quelle est la condition pour que la droite* B'C' *soit un minimum ?*

On a, par hypothèse, BB' + CC' = BC, c'est-à-dire que le périmètre AB + AC + BC = $2p$ du triangle donné est égal à AB' + AC' ou que la somme des côtés de l'angle A dans le triangle variable AB'C' est constante. Par conséquent, d'après le problème précédent (6), pour que la droite B'C' soit un minimum, il faut que le triangle AB'C' soit isocèle ou que l'on ait AB' = AC' = p.

8. *Dans un triangle donné* ABC, *inscrire un triangle* MNP *dont le périmètre soit un minimum* (*fig.* 42).

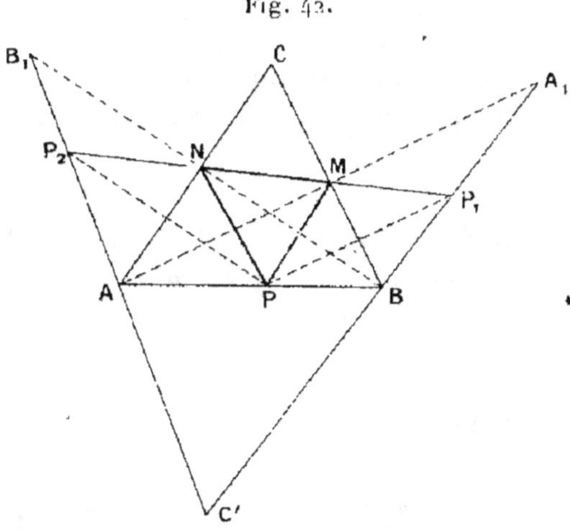

Fig. 42.

Prenons arbitrairement le point P sur AB et cherchons, parmi tous les triangles inscrits au triangle ABC qui ont un sommet en P, celui dont le périmètre est un minimum.

P étant situé dans l'angle C et les deux autres sommets du triangle cherché devant appartenir aux côtés de cet angle, la réponse est fournie immédiatement par la solution du problème 5 de cette Leçon. On prendra les symétriques P_1 et P_2 du point P par rapport aux côtés CB et CA de l'angle C, et l'on mènera la droite P_1P_2 qui cou-

pera ces côtés en M et N, de sorte que, parmi les périmètres de tous les triangles inscrits au triangle ABC ayant
un de leurs sommets en P, celui du triangle MNP sera
un minimum.

Le point P *choisi sur le côté* AB *variant.* la droite
P_1MNP_2 variera ainsi que le triangle MNP, et il faut
chercher maintenant, parmi tous les triangles obtenus de
cette manière, celui dont le périmètre est le plus petit.

Prolongeons les deux droites BP_1 (ou BA_1), AP_2
(ou AB_1), qui sont les symétriques du côté AB par rapport aux deux autres côtés BC et AC du triangle ABC,
jusqu'à leur point de rencontre C'. On aura toujours
d'ailleurs $BP = BP_1$ et $AP = AP_2$, c'est-à-dire

$$BP_1 + AP_2 = AB.$$

Par conséquent, comme la somme $C'A + C'B$ est évidemment constante, il en est de même de la somme

$$C'A + C'B + AB$$

des deux côtés de l'angle C' dans le triangle $C'P_1P_2$.

Pour que le côté P_1P_2 soit un minimum, il faut donc,
d'après le problème précédent (7), que le triangle $C'P_1P_2$
soit isocèle et qu'on ait

$$C'P_1 = C'P_2 = \frac{1}{2}(C'A + C'B + AB).$$

On mènera alors la droite P_1P_2 correspondante, et l'on
prendra $AP = AP_2$; ce qui déterminera le sommet P du
triangle cherché dont la droite P_1P_2 aura déjà fait connaître la base MN.

· 9. *Trouver dans le plan d'un triangle* ABC *un point
tel, que la somme de ses distances aux trois côtés du
triangle soit un minimum.*

Nous commencerons par supposer le point cherché situé
sur l'un des côtés du triangle. Il s'agira alors de déter-

miner quelle position il occupe, lorsque la somme de ses distances aux deux autres côtés est un minimum.

Prenons (*fig*. 43), sur le côté AB du triangle ABC, deux points M et M', le premier plus près de A, et comparons les sommes de leurs distances aux deux autres côtés du triangle, *en supposant l'angle A plus grand que l'angle B*.

Fig. 43.

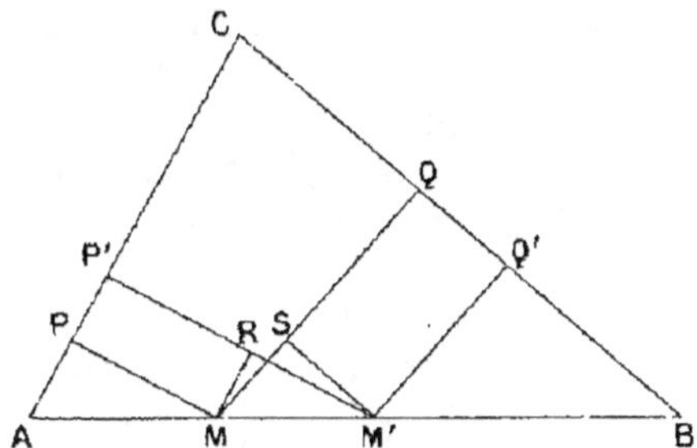

Les perpendiculaires abaissées du point M sur AC et BC étant MP et MQ, et celles abaissées du point M' étant M'P' et M'Q', on a alors

$$MP + MQ < M'P' + M'Q'.$$

En effet, menons MR parallèle à AC jusqu'à M'P' et M'S parallèle à BC jusqu'à MQ. On a

$$MQ = MS + SQ \qquad et \qquad M'P' = M'R + RP'.$$

En substituant dans l'inégalité précédente, il vient

$$MP + MS + SQ < M'R + RP' + M'Q'$$

ou, en simplifiant d'après la figure,

$$MS < M'R,$$

ce qui est exact; car les deux triangles rectangles MRM' et M'SM ont l'hypoténuse commune et l'angle RMM' plus grand par hypothèse que l'angle SM'M. Or, si ces angles étaient égaux, on aurait M'R = MS; comme l'angle en M est plus grand que l'angle en M', on a M'R > MS.

L'inégalité posée ci-dessus étant vérifiée, la somme des distances est la moindre pour le point le plus rapproché de A. Donc le minimum de cette somme a lieu quand le point M se confond avec ce sommet.

Cette proposition préliminaire établie, prenons dans le plan du triangle ABC (*fig.* 44) un point O quelconque,

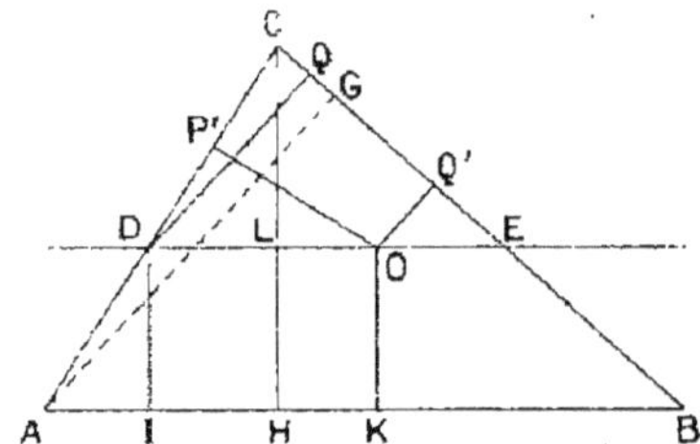

Fig. 44.

intérieur ou extérieur, et abaissons de ce point les perpendiculaires OP', OQ', OK sur les trois côtés du triangle. Menons par le même point la parallèle DE au côté AB, et abaissons du point D les perpendiculaires DQ et DI sur les côtés CB et AB.

L'angle A étant plus grand que l'angle B ou l'angle CDE plus grand que l'angle CED, nous aurons alors dans le triangle CDE, d'après ce qui précède,

$$DQ < OP' + OQ'$$

et, par suite,

$$DQ + DI < OP' + OQ' + OK.$$

On n'a donc plus qu'à comparer le point D aux autres points du côté CD du triangle CDE. Or, si l'angle C est le plus grand des trois angles de ce triangle ou du triangle ABC, on a, d'après la même proposition préliminaire et en abaissant CLH perpendiculaire sur AB,

$$CL < DQ \quad \text{ou} \quad CH < DQ + DI.$$

Il en résulte immédiatement que le point cherché est le sommet C ou *le sommet du plus grand angle* du triangle donné. En même temps, le minimum de la somme des distances est la hauteur correspondante du triangle ou *sa plus petite hauteur*. Car, si l'on mène sa hauteur AG, on voit, en comparant les triangles rectangles CAH, CAG, qui ont la même hypoténuse, que l'on aurait AG = CH si l'angle C était égal à l'angle A. Par conséquent, C > A entraîne AG > CH.

DIX-SEPTIÈME LEÇON.

Usage de la règle et de l'équerre.

1. *Trouver le milieu d'une portion de droite* AB, *à l'aide de la règle et de l'équerre.*

Il suffit que cette portion de droite devienne la diagonale d'un parallélogramme (96).

Pour cela, en se servant de la règle et de l'équerre (119), on mène par les points A et B des parallèles AC, BD, dirigées en sens inverse. On recommence ensuite la même opération, en changeant la direction des nouvelles parallèles AD, BC. On forme de cette manière un parallélogramme ACBD ayant AB pour diagonale. AB est alors coupée par la seconde diagonale CD en deux parties égales, c'est-à-dire en son milieu O.

2. *On donne une distance* AB *sur une droite indéfinie* D, *et l'on demande de la reporter sur elle à partir d'un de ses points* O, *à l'aide de la règle et de l'équerre* (*fig.* 45).

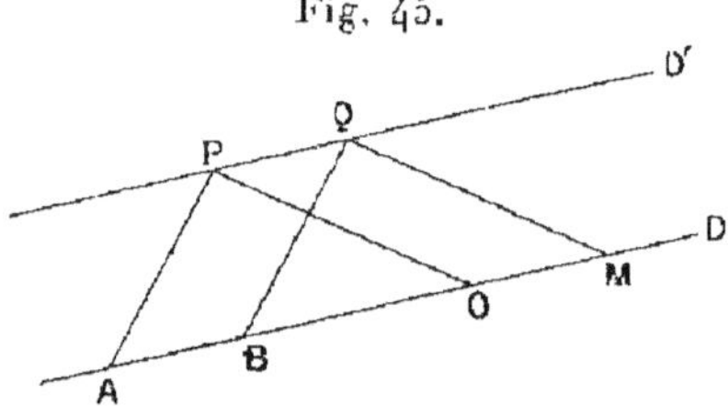

Fig. 45.

On mène à volonté à la droite D une parallèle D'; puis, par les points A et B, on mène dans une direction quel-

conque deux parallèles AP et BQ qui coupent D′ en P et
en Q, en formant le parallélogramme APQB. Si l'on trace
alors la droite PO et qu'on lui mène jusqu'à D la parallèle QM, le nouveau parallélogramme POMQ donne

$$OM = PQ = AB.$$

Si le point O se confond avec le point B, le point M
devient sur la droite D le symétrique du point A par rapport au centre O.

3. *Avec la règle plate seule* (114), *mener par un point
donné* A *une parallèle à une droite donnée* D (*fig*. 46).

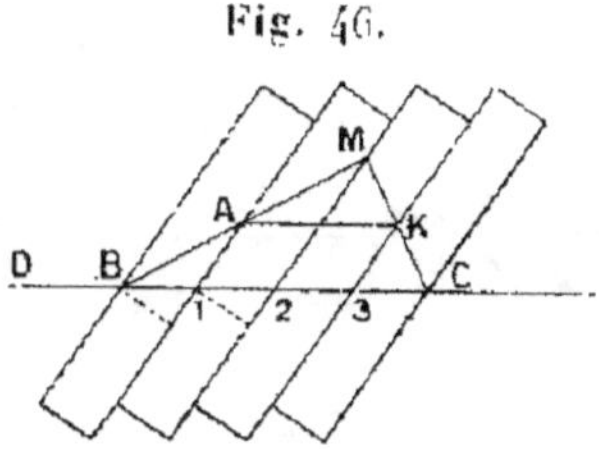

Fig. 46.

On place d'abord la règle plate de manière que, en coupant D, son arête *antérieure* passe par le point A, et l'on
trace alors une ligne suivant cette arête. On avance alors
la règle de manière à faire coïncider avec cette ligne son
arête *postérieure*, et l'on trace alors une nouvelle ligne
suivant la nouvelle position de son arête antérieure. On
renouvelle encore deux fois la même opération. On a obtenu
ainsi quatre positions successives de la règle plate.

L'arête postérieure de la première position de la règle
et l'arête antérieure de sa quatrième position coupent D en
deux points B et C, tandis que les arêtes antérieures des
trois premières positions coupent D en des points 1, 2, 3.
Les bords de la règle plate étant parallèles, si la droite BA
prolongée rencontre en M l'arête antérieure de la règle dans
sa deuxième position, le point A est le milieu de BM (73);
car il est visible que B1 = 12. De même, si l'on joint CM

qui coupe l'arête antérieure de la règle dans sa troisième position en K, le point K est le milieu de CM. Dans le triangle BMC, la droite AK est donc la parallèle menée à D par le point A (74).

● 4. *Tracer, avec la règle plate, la bissectrice de l'angle formé par deux directions données D et D' (fig. 47).*

Fig. 47.

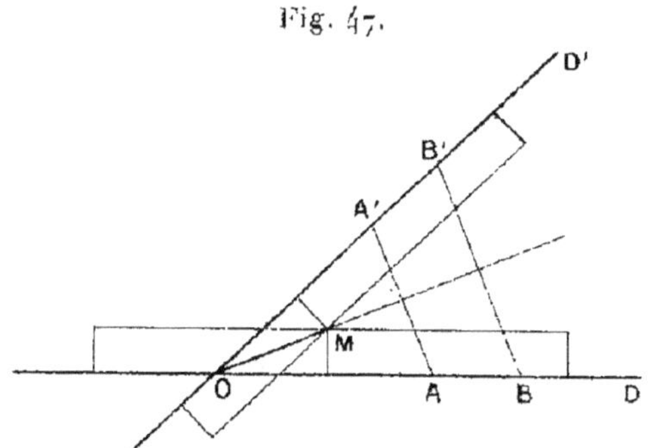

On place la règle plate de manière à faire coïncider successivement son arête postérieure et son arête antérieure avec D et D' qui se coupent en O; puis, on trace deux droites suivant l'arête antérieure de la première position de la règle et suivant l'arête postérieure de sa seconde position. Ces deux droites se coupent en M, et la bissectrice demandée est évidemment OM d'après l'égalité des triangles rectangles ayant OM pour hypoténuse commune, et dont la largeur de la règle, comptée dans ses deux positions à partir du point M, représente un côté de l'angle droit.

Si l'on veut alors reporter un segment AB de D sur D', il suffit de mener par A et B, avec l'équerre (118), des perpendiculaires sur la bissectrice OM, et de les prolonger jusqu'à leurs rencontres en A' et en B' avec D'. D'après les triangles isocèles AOA', BOB', on a évidemment

$$A'B' = AB.$$

5. On donne deux droites D et D' se coupant en O et un point M. Tracer par ce point, à l'aide de la règle et de l'équerre, une droite limitée aux droites données et dont le point M soit le milieu (fig. 48).

Fig. 48.

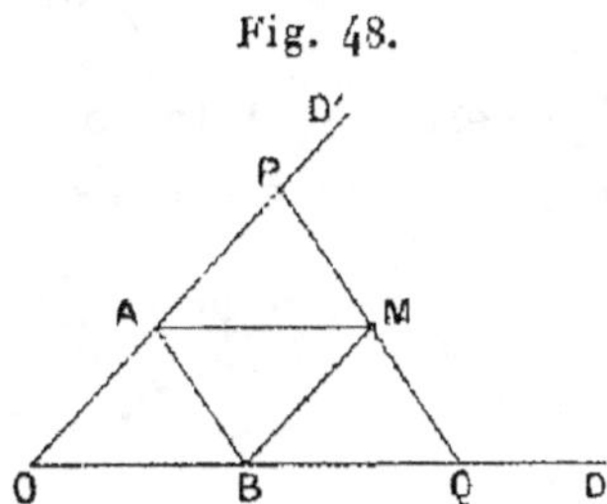

En nous plaçant à un autre point de vue, nous avons déjà résolu ce problème (4ᵉ Exercice de la dixième et onzième Leçon). En employant la règle et l'équerre, on peut opérer comme il suit :

Avec ces instruments, on mène par M (119) les parallèles MA et MB aux droites D et D', jusqu'à leurs points de rencontre respectifs avec D' et D. La parallèle menée ensuite par le point M à la droite AB, et limitée en P et en Q, à D' et à D, est la droite demandée. On a, en effet,

$$MP = AB = MQ.$$

comme côtés opposés des deux parallélogrammes ABMP, ABQM.

DIX-HUITIÈME LEÇON.

La circonférence de cercle. — Intersection d'une droite et d'une circonférence.

1: *Une droite AB de longueur constante l restant parallèle à elle-même, tandis que l'une de ses extrémités A décrit une circonférence O, on demande de trouver le lieu de son autre extrémité B (fig. 49),*

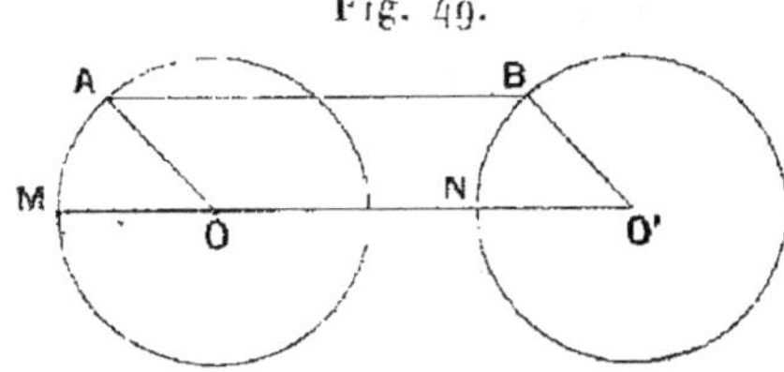

Fig. 49.

Considérons la droite AB, d'abord dans une position quelconque, et, ensuite, lorsqu'elle vient en MN passer par le centre O. Prolongeons alors MN d'une longueur NO′ égale au rayon OM. On a évidemment OO′ = MN = l : le point O′ est donc déterminé. D'ailleurs, si l'on joint OA et O′B, la figure ABO′O est un parallélogramme (97, 3°), et l'on a O′B = OA. Le lieu demandé est donc la circonférence décrite du point O′ comme centre avec le rayon OA. En d'autres termes, c'est la circonférence donnée transportée de la longueur l, parallèlement à la direction AB.

2. *Étant donnés un cercle O et un point A pris dans son plan, trouver le lieu des milieux des droites qui joi-*

gnent le point A aux différents points de la circonfé-
rence O (fig. 5o).

Fig. 5o.

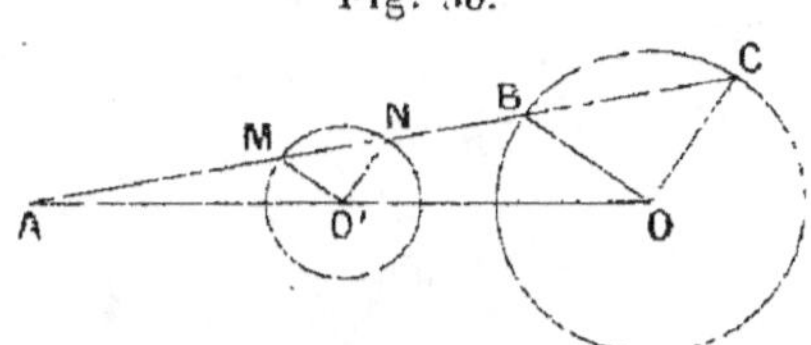

Menons par le point A une droite quelconque qui coupe la circonférence O en B et en C. Soient M et N les milieux respectifs des distances AB et AC. Les parallèles menées par les points M et N aux rayons OB et OC viennent se croiser, d'après une propriété connue (73), au milieu O' de la distance AO, et l'on a $O'M = \dfrac{OB}{2}$, $O'N = \dfrac{OC}{2}$. Le lieu cherché est donc la circonférence décrite du point O' milieu de AO comme centre, avec un rayon égal à la moitié de celui de la circonférence donnée.

3. *Trouver le lieu géométrique des sommets des trian-*
gles qui reposent sur une base fixe BC *et dans lesquels*
la médiane BM, *issue du sommet* B, *a une longueur*
donnée l.

Soit ABC l'un quelconque des triangles qui répondent à la question : il s'agit de trouver le lieu du sommet A. Si l'on suppose la parallèle AO menée par A à la médiane BM, jusqu'à la rencontre de la base BC prolongée, on a évidemment (73) BO = BC et OA = 2BM = 2*l*. Le point O est donc déterminé, et le lieu cherché est la circonférence décrite de ce point comme centre avec 2*l* pour rayon.

4. *On donne la base* BC *d'un triangle* ABC *et la diffé-*
rence de ses deux autres côtés AB *et* AC : *trouver le lieu*
des pieds des perpendiculaires abaissées des extrémités
de la base BC *sur la bissectrice de l'angle* A *(fig. 5i).*

Il y a évidemment une infinité de triangles répondant

aux données, la base BC seule restant fixe de grandeur et de position. Soit ABC l'un quelconque de ces triangles, où D est le milieu de BC et AI la bissectrice de l'angle A.

Fig. 51.

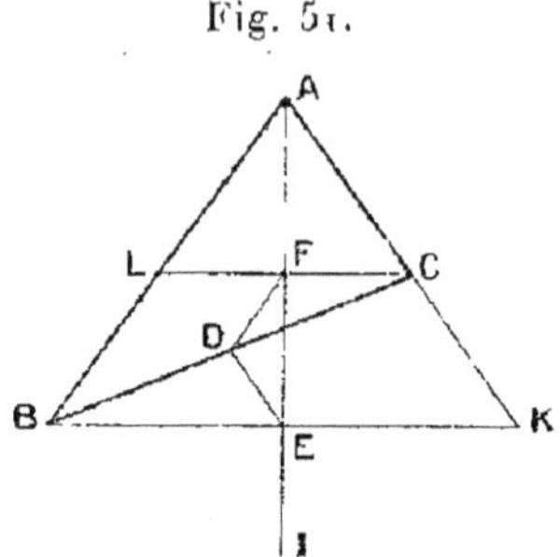

Abaissons sur AI les perpendiculaires BE et CF qui, prolongées, coupent AC et AB en K et en L. Menons DE et DF.

Les deux triangles ALC, ABK sont évidemment isocèles, de sorte que BL et CK représentent la différence donnée AB — AC. En même temps, le point F est le milieu de CL et le point E est le milieu de BK. Par suite (74), les droites DF et DE sont respectivement parallèles à BL et à CK, et égales toutes deux à leurs moitiés, c'est-à-dire à $\dfrac{AB - AC}{2}$. D étant un point fixe, le lieu demandé est donc la circonférence décrite du point D comme centre avec la demi-différence donnée comme rayon.

·5. *On donne la base* BC *d'un triangle* ABC *et la somme de ses deux autres côtés* AB *et* AC: *trouver le lieu des pieds des perpendiculaires abaissées des extrémités de la base* BC *sur la bissectrice commune des angles extérieurs du triangle qui correspondent au sommet* A (*fig.* 52).

Il y a évidemment une infinité de triangles répondant aux données, la base BC seule restant fixe de grandeur et de position. Soit ABC l'un de ces triangles, où D est le milieu de BC et AI′ la bissectrice commune des deux angles extérieurs du triangle (**78**), qui ont leur sommet en A.

Fig. 52.

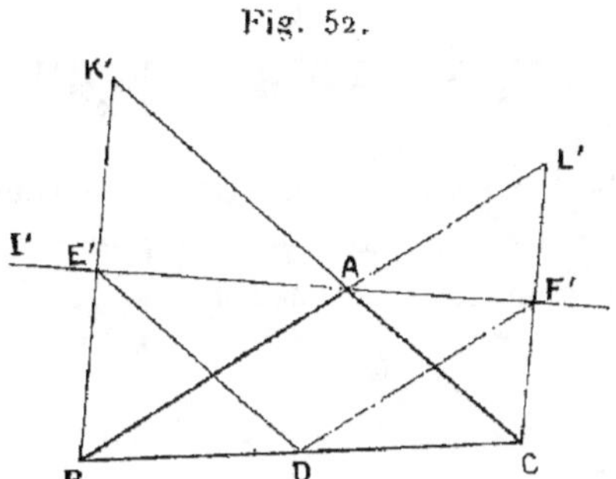

Abaissons sur AI′ les perpendiculaires BE′ et CF′ qui, prolongées elles-mêmes, coupent les prolongements des côtés AC et AB en K′ et en L′. Menons DE′ et DF′.

Les deux triangles ABK′, ACL′ sont évidemment isocèles, de sorte que CK′ et BL′ représentent la somme donnée AB + AC. En même temps, le point E′ est le milieu de BK′ et, le point F′, le milieu de CL′. Par suite (**74**), les droites DE′ et DF′ sont respectivement parallèles à CK′ et à BL′, et égales toutes deux à leurs moitiés, c'est-à-dire à $\dfrac{AB + AC}{2}$. D étant un point fixe, le lieu demandé est la circonférence décrite du point D comme centre avec la demi-somme donnée comme rayon.

DIX-NEUVIÈME LEÇON.

Propriétés des arcs et des cordes. — Diamètre perpendiculaire à une corde. — Comparaison des cordes avec leurs distances au centre.

1. *Si, du sommet A d'un triangle isocèle ABC comme centre, on décrit une circonférence coupant la base du triangle ou les prolongements de cette base, les segments compris entre la circonférence A et les extrémités de la base BC sont égaux.*

En effet, la hauteur du triangle ABC est en même temps le diamètre perpendiculaire à la corde interceptée par la circonférence A sur la base BC (133).

2. *Étant donné un point A à l'intérieur d'une circonférence O, quelle est la plus petite corde qu'on puisse mener par ce point dans la circonférence?*

Elle est déterminée par la perpendiculaire menée en A sur OA (135, 2°).

3. *Si deux cordes égales AB, CD se coupent à l'intérieur ou à l'extérieur d'une circonférence O, les segments déterminés sur les deux cordes par leur point de rencontre I sont respectivement égaux (fig. 53).*

Les cordes AB et CD étant égales, les perpendiculaires OE et OF qui mesurent leurs distances au centre O passent par leurs milieux (133) et sont égales (135, 1°). Les triangles rectangles OIE, OIF sont alors égaux (49, 2°), d'où

IE = IF. Par suite, les segments IB et IC, ainsi que les segments IA et ID, sont respectivement égaux.

Fig. 53.

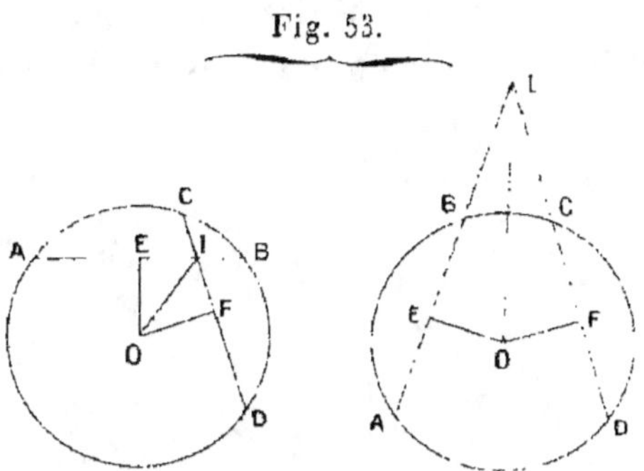

En effet, quand le point I est *intérieur* à la circonférence, ces segments représentent les demi-cordes égales diminuées ou augmentées des quantités égales IE et IF ; et, quand le point I est *extérieur*, ces mêmes segments représentent les quantités égales IE et IF diminuées ou augmentées des demi-cordes égales.

4. Deux cordes égales AB et CD étant données dans une circonférence O, on prolonge chacune d'elles d'une même quantité quelconque, par exemple BE = DF : démontrer que la perpendiculaire élevée sur le milieu M de la droite EF passe par le centre de la circonférence.

En effet, les cordes AB et CD étant égales, les perpendiculaires OI et OH qui mesurent leurs distances au centre O passent par leurs milieux et sont égales. Les triangles rectangles OIE, OHF sont alors égaux (34, 2°). Par suite, leurs hypoténuses OE et OF sont égales, et le triangle OEF est isocèle ; ce qui justifie l'énoncé.

5. Lorsque deux arcs AB et CD d'une même circonférence O sont égaux, le point d'intersection I de leurs cordes et celui M des droites qui joignent leurs extrémités respectives, soit directement, soit en croix, déterminent un diamètre (fig. 54).

Selon que le point I est intérieur ou extérieur à la circonférence O, il faut joindre les extrémités des arcs directement ou en croix, c'est-à-dire que le point M est alors extérieur ou intérieur. La démonstration est la même dans les deux cas.

Fig. 54.

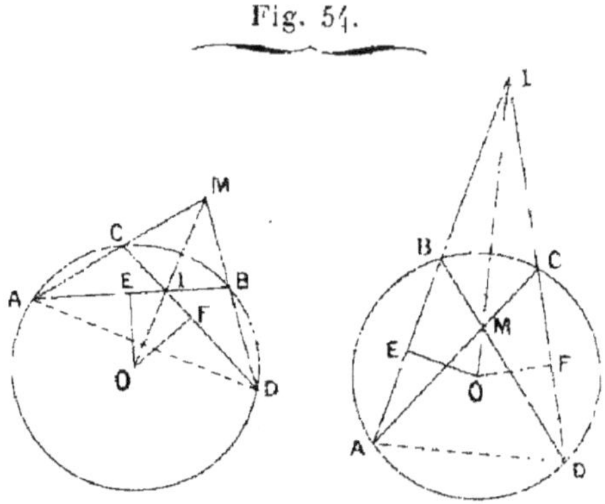

Les cordes AB et CD étant égales comme les arcs correspondants, si l'on abaisse sur elles les perpendiculaires OE et OF, on a (Exercice 3) IA = ID. Le triangle AID est donc isocèle.

D'autre part, l'égalité des arcs AB et CD entraîne celle des arcs AC et BD et des cordes correspondantes. Les deux triangles ACD, ABD sont donc égaux comme ayant leurs trois côtés égaux, et l'angle CAD est égal à l'angle BDA. Par suite, le triangle AMD est lui-même isocèle.

Les deux triangles AID, AMD étant isocèles et ayant même base AD, leurs sommets I et M se trouvent sur la perpendiculaire élevée à la corde AD en son milieu, c'est-à-dire appartiennent à un même diamètre (134) qu'ils déterminent.

- 6. *On donne une circonférence O et un point extérieur A. Par le point A, on fait passer un diamètre AOB et une sécante ACD telle, que sa partie extérieure AC soit égale au rayon de la circonférence : démontrer que l'angle COA est le tiers de l'angle DOB (fig. 55).*

Menons par le centre O la parallèle OE à la sécante ACD. Les deux angles BOE et OAC seront égaux comme correspondants.

Fig. 55.

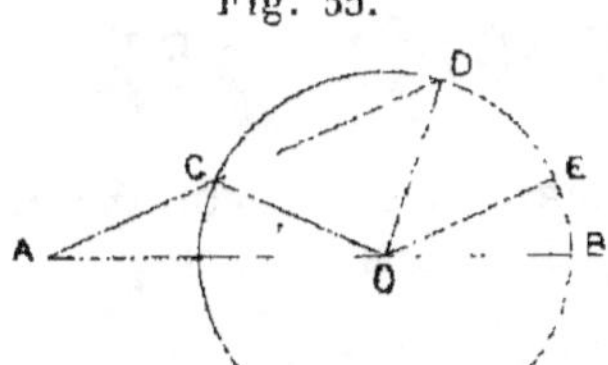

D'ailleurs, le triangle ACO étant isocèle d'après l'énoncé, l'angle COA est égal à l'angle OAC ou à l'angle A. Il faut donc prouver que l'angle DOB est égal à 3 A ou, puisque BOE = A, que l'angle DOE est égal à 2 A.

Or, dans le triangle isocèle ACO, l'angle au sommet C égale deux droits moins 2 A : son supplément OCD égale donc 2 A et, le triangle OCD étant isocèle, l'angle ODC a la même valeur. Comme les deux angles ODC, DOE sont égaux comme alternes-internes, le théorème est démontré.

VINGTIÈME LEÇON.

Tangente et normale à la circonférence. — Parallèles dans le cercle.

1. *Décrire une circonférence qui touche une droite donnée BC en un point donné A et qui passe par un point donné D.*

Le centre O de la circonférence cherchée appartient à la perpendiculaire élevée en A sur BC (139). D'ailleurs, AD étant une corde de cette circonférence, la perpendiculaire élevée sur le milieu de AD contient aussi le centre O (134), qui se trouve à l'intersection des deux perpendiculaires indiquées.

Pour que le problème soit possible, il faut que le point D n'appartienne pas à la droite BC. Il y a alors une solution, et une seule. Si le point D, situé sur la droite BC, coïncide avec son point de contact A, le problème devient indéterminé.

2. *Un point A et une droite BC étant donnés, on demande de décrire une circonférence O de rayon donné r, dont le centre soit sur la droite et telle, que la somme de la plus courte et de la plus grande distance du point A à la circonférence soit égale à une longueur donnée l.*

Supposons le problème résolu (*fig.* 56). Si O est le centre de la circonférence *r* cherchée, on n'a qu'à mener par le point A le diamètre ADE, pour obtenir en AD et en AE la plus courte et la plus grande distance du point A à cette circonférence (145). On doit alors avoir

$$AD + AE = l,$$

ou bien

$$AO - r + AO + r = l, \qquad \text{d'où} \qquad AO = \frac{l}{2}.$$

On décrira donc, du point A comme centre avec $\frac{l}{2}$ pour rayon, une circonférence qui coupera en général la droite

Fig. 56.

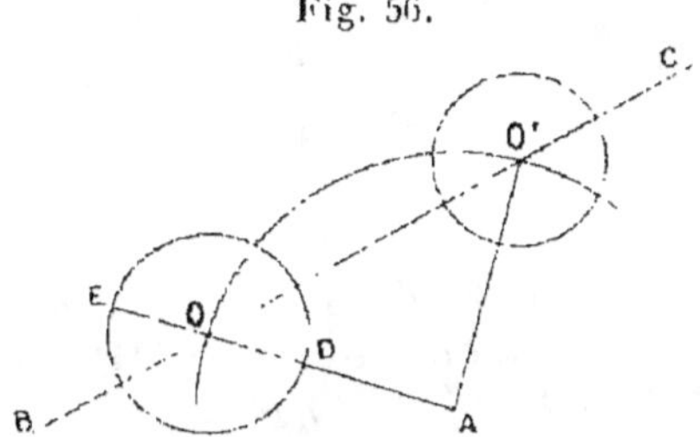

BC en deux points O et O'. Les deux circonférences, décrites de ces points comme centres avec r pour rayon, répondront toutes deux à la question.

Les deux solutions se réduisent à une seule, lorsque la circonférence décrite du point A comme centre avec $\frac{l}{2}$ pour rayon touche la droite BC; et le problème devient impossible, lorsque la distance du point A à BC est moindre que $\frac{l}{2}$.

3. *Les six points* A, B, C, A', B', C' *appartenant à une même circonférence, les cordes* AB, AC *se trouvent respectivement parallèles aux cordes* A'B', A'C' : *démontrer que la corde* BC' *est alors parallèle à la corde* B'C (*fig.* 57).

Les arcs BB' et CC' sont alors égaux entre eux et décrits dans le même sens, comme étant tous deux égaux à l'arc

AA' et décrits en sens opposé (146). Les deux cordes BC'
et B'C interceptent donc à leur tour des arcs égaux BB'
et C'C, comptés en sens opposés : elles sont, par conséquent, parallèles (147).

Fig. 57.

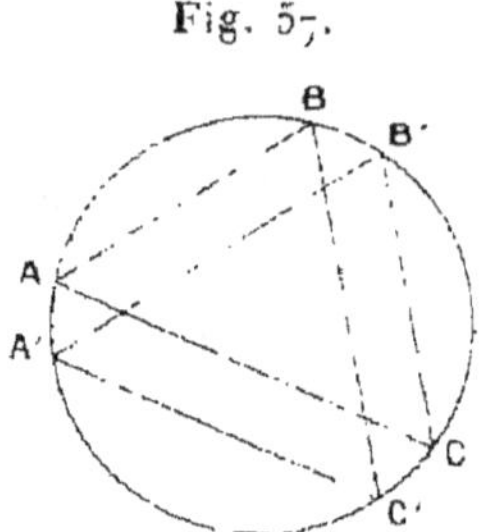

4. *Décrire une circonférence de rayon donné r, qui
intercepte sur deux droites données* MP, MQ *des cordes
de longueurs données l et l'* (*fig.* 58).

Fig. 58.

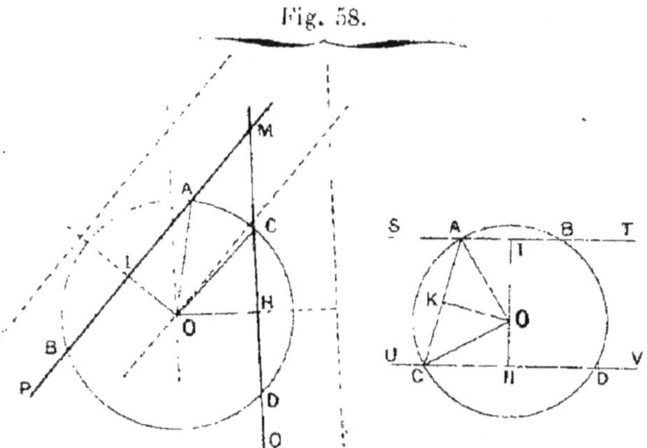

Nous supposerons les droites MP et MQ concourantes
en M, et le problème résolu. La circonférence O de rayon r
interceptera alors sur MP la corde AB de longueur l et,
sur MQ, la corde CD de longueur l'. Abaissons du centre O
les perpendiculaires OI et OII sur les deux cordes. Si l'on
mène les rayons OA et OC, on voit que les deux triangles

rectangles OIA, OHC sont déterminés (49, 2°), de sorte que les distances OI et OH sont connues.

Si l'on admet que les cordes de longueur l et l' puissent être interceptées sur les prolongements de MP et de MQ aussi bien que sur ces droites elles-mêmes, on mènera à la distance OI, des deux côtés de MP, des parallèles à cette droite; et, à la distance OH, des deux côtés de MQ, d'autres parallèles à cette seconde droite. Ces parallèles, qui sont des lieux du centre O, se couperont respectivement en quatre points, sommets d'un parallélogramme, qu'on pourra prendre indifféremment pour centre de la circonférence cherchée. Le problème proposé peut ainsi admettre quatre solutions. Il peut même en admettre huit, si l'on convient de compter successivement les longueurs l et l' des cordes interceptées sur chacune des droites MP et MQ, c'est-à-dire d'appliquer successivement à chacune d'elles les distances OI et OH.

D'ailleurs, pour que le problème soit possible, il faut que $2r$ surpasse la plus grande des deux longueurs l et l'.

Lorsqu'on a $l = l'$, le nombre des solutions diminue de moitié.

Si les droites données, au lieu d'être concourantes, sont parallèles, on doit modifier la marche indiquée. Soient ces parallèles ST, UV sur lesquelles le cercle r doit intercepter les cordes AB et CD, de longueurs l et l'. Le problème étant supposé résolu, abaissons du centre O la perpendiculaire commune IH sur les deux parallèles. Prenons sur ST les longueurs IA, IB égales à $\dfrac{l}{2}$ et, sur UV, les longueurs HC, HD égales à $\dfrac{l'}{2}$. La circonférence cherchée devra passer par les quatre points A, B, C, D, et l'on déterminera son centre en élevant sur le milieu K de la corde AC une perpendiculaire qui viendra couper IH en O.

Les triangles rectangles OIA, OHC étant déterminés, il en est de même des distances OI, OH et de leur somme IH.

Pour que le problème soit possible, il faut alors que la distance des deux parallèles ST, UV soit précisément égale à IH. On trouve dans ce cas deux solutions, en portant successivement les longueurs l et l' des cordes interceptées sur chacune des parallèles données. Ces deux solutions se réduisent à une seule, si l'on a $l = l'$. Le centre O est, dans cette hypothèse, au milieu de IH.

VINGT ET UNIÈME LEÇON.

Trois points non en ligne droite déterminent une circonférence. — Positions relatives de deux circonférences.

1. Une circonférence étant donnée, combien faut-il de cercles ayant même rayon qu'elle, tangents entre eux et à cette circonférence, pour l'entourer complètement (fig. 59)?

Fig. 59.

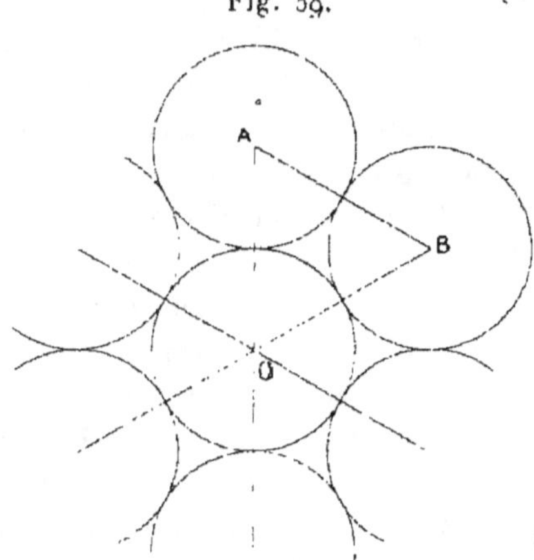

Soient O la circonférence donnée et A et B deux des cercles tangents entre eux qui doivent l'entourer en la touchant. Les côtés du triangle OAB étant, d'après l'énoncé, tous égaux à un diamètre de la circonférence O (153, 2°), ce triangle est équilatéral et équiangle (33). L'angle AOB est donc (77) égal au tiers de deux angles droits ou à $\frac{2}{3}$

d'angle droit. D'ailleurs, la somme de tous les angles qu'on peut former autour d'un même point O étant égale à quatre angles droits (**25**), le nombre demandé est le quotient de 4 par $\frac{2}{3}$, c'est-à-dire 6.

Ainsi, il faut six cercles de même rayon pour entourer, dans les conditions indiquées, la circonférence O. Ces six cercles correspondent, de l'un à l'autre, à cinq fois l'angle AOB ou à $\frac{10}{3}$ d'angle droit, et il faut ensuite revenir du sixième au premier; ce qui ajoute $\frac{2}{3}$ d'angle droit à $\frac{10}{3}$, ou ce qui complète les quatre angles droits.

2. *Faire passer, par un point donné* M, *une circonférence* O *qui soit à la même distance de trois points donnés* A, B, C, *non situés en ligne droite.*

Nous ne considérerons que le cas où les trois points A, B, C, doivent être ensemble à l'intérieur ou à l'extérieur de la circonférence demandée.

Supposons le problème résolu, et soit O le centre de la circonférence demandée. Si l'on joint ce centre aux trois points A, B, C, ces points, par hypothèse, sont tous intérieurs ou extérieurs à la circonférence O, et leur plus courte distance à cette circonférence a la même longueur. Les distances OA, OB, OC sont donc nécessairement égales (**145**), et le centre de la circonférence O se confond avec celui de la circonférence déterminée par les trois points A, B, C (**148**). On n'a donc qu'à construire ce dernier centre, et à décrire ensuite la circonférence de rayon OM.

Lorsque les points A, B, C ne doivent pas être ensemble à l'intérieur ou à l'extérieur de la circonférence cherchée, la solution du problème dépasse les éléments de Géométrie.

3. *Si deux circonférences égales* O *et* O' *se coupent orthogonalement* (**153**), *la corde commune* AB *est égale à la ligne des centres* OO'.

En effet, la figure AOBO' est alors un carré (**95,** 4°; **102**).

4. *Lorsque deux circonférences O et O' se coupent en deux points A et A', les longueurs qu'elles interceptent sur deux parallèles de direction quelconque BAC, B'A'C' menées par les points A et A' sont égales.*

En effet, menons par les centres O et O' les perpendiculaires communes II' et KK' aux deux parallèles. Les points I et K étant les milieux des cordes BA et AC, on a BAC = 2IK. On a de même B'A'C' = 2I'K'. On a d'ailleurs (71) IK = I'K'. La proposition est donc démontrée.

5. *On donne deux circonférences sécantes O et O', et l'on demande de mener par l'un de leurs points d'intersection A une sécante BAC limitée aux deux circonférences et divisée au point A en deux parties égales (fig. 60).*

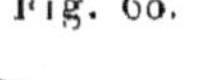

Fig. 60.

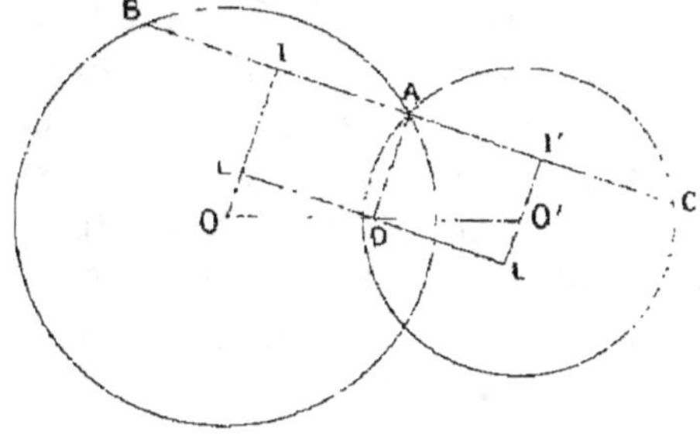

Joignons le point A au milieu D de la distance des centres OO', et menons par le point A la sécante BAC perpendiculaire à AD : elle sera divisée en deux parties égales au point A.

En effet, abaissons sur cette sécante les perpendiculaires OI et O'I', et traçons par le point D, entre OI et O'I', la perpendiculaire LL' à DA. Les deux triangles rectangles DLO, DL'O' seront égaux (49, 1°). On aura donc DL = DL', c'est-à-dire AI = AI' (71) ou AB = AC.

6. *Inscrire dans une circonférence donnée O une*

corde CD *de longueur donnée l, et qui soit partagée en*
deux parties égales par une autre corde donnée AB
(*fig.* 61).

La corde donnée étant AB, supposons que E soit son
point d'intersection avec la corde inconnue CD. Si l'on

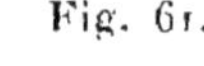

Fig. 61.

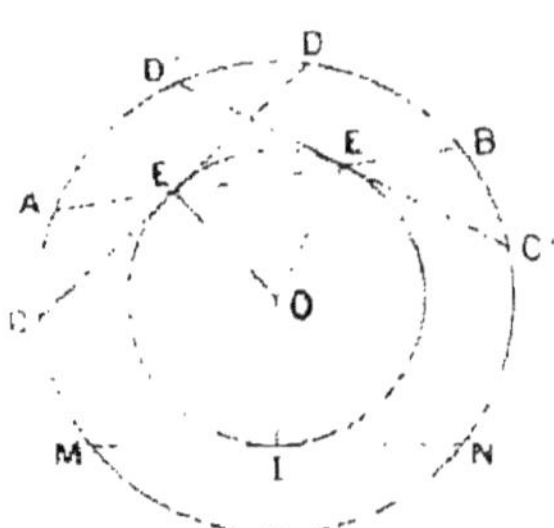

joint le point E avec le centre O, on obtient la perpendiculaire abaissée du centre sur CD, puisque E doit être le
milieu de CD. Par suite, cette corde doit être tangente à
la circonférence OE au point E. Comme deux cordes égales
sont également éloignées du centre, il suffit d'inscrire dans
la circonférence O une corde quelconque MN de longueur l
et, en menant OI perpendiculaire sur MN, de tracer la
circonférence OI qui sera le lieu des milieux des cordes
de longueur l inscrites dans la circonférence O. La circonférence OI coupera, par conséquent, la corde AB au point E,
et la corde CD sera déterminée.

Il y a deux solutions ou une seule, suivant que la circonférence OI est sécante ou tangente par rapport à AB.
Le problème est impossible, lorsque la distance OI est
moindre que la distance du centre O à la corde AB.

● 7. *Décrire une circonférence* O *tangente à une cir-*
conférence donnée C *et qui touche en un point donné* A
une droite donnée MN (*fig.* 62).

On obtient un premier lieu du centre O, en menant par

le point A une perpendiculaire indéfinie à la droite MN.

Prenons sur cette perpendiculaire, des deux côtés du point A, une longueur AB = AB′ représentant le rayon de la circonférence donnée C, et joignons BC et B′C. Si l'on élève sur les milieux K et K′ de ces droites des perpendiculaires, elles viendront couper la perpendiculaire

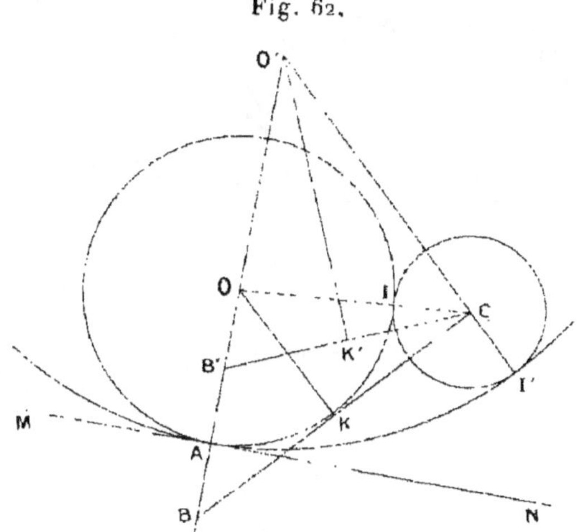

Fig. 62.

indéfinie menée en A à la droite MN en des points O et O′, qui sont les centres des deux circonférences répondant à la question.

En effet, si la droite OC coupe en I la circonférence C, on a d'après la construction OC = OB et, par conséquent, OI = OA. La circonférence OA, tangente en A à MN, est donc tangente *extérieurement* en I à la circonférence C (156, 2°).

De même, si O′C coupe en I′ la circonférence C, on a O′C = O′B′ et, par conséquent, O′I′ = O′A. La circonférence O′A, tangente en A à MN, est donc tangente *intérieurement* en I′ à la circonférence C (156, 4°).

La circonférence O existe toujours; car, en supposant, comme l'indique la figure, les points B et C situés de part et d'autre de MN, les droites BC et MN se coupent et il en est de même de leurs perpendiculaires (70, 2°). Mais la circonférence O' peut disparaître, si B'C devient parallèle à MN. La circonférence C est alors tangente à MN, et c'est cette droite qui remplace la circonférence O'.

VINGT-TROISIÈME LEÇON.

MESURE DES ANGLES.

Angles au centre. — Angles inscrits. — Angles dont les côtés se rencontrent intérieurement ou extérieurement à la circonférence.

· 1. On donne deux circonférences concentriques autour de O, et l'on demande de les couper par une sécante telle, que la partie interceptée sur cette sécante par la plus grande des deux circonférences soit double de la partie interceptée par la plus petite (fig. 63).

Fig. 63.

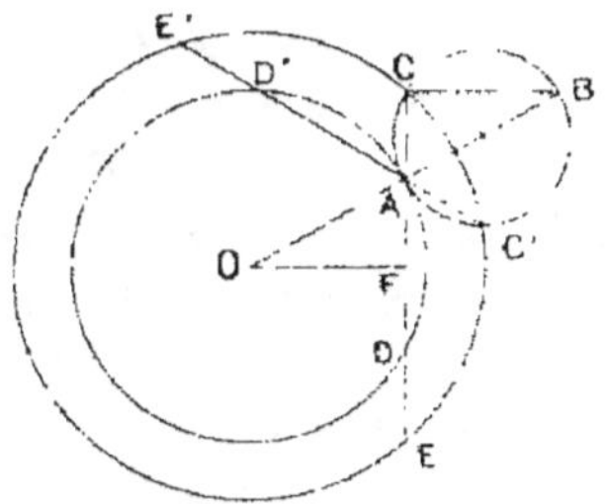

Menons un rayon quelconque OA de la plus petite circonférence O, et prolongeons-le d'une longueur égale AB = OA. Sur AB comme diamètre, décrivons une circonférence, et supposons qu'elle coupe en C la plus grande circonférence O. La sécante CADE répondra à la question.

En effet, si l'on abaisse la perpendiculaire OF sur cette sécante, les deux triangles rectangles (171) ACB, OFA sont égaux, et l'on a $AC = AF$ ou $CF = 2AF$, c'est-à-dire $CE = 2AD$.

Le point C', symétrique de C par rapport à OAB, donne comme seconde solution la sécante $C'AD'E'$.

Pour que le problème soit possible, il faut qu'on ait (156, 3°), en désignant par r et R les rayons des deux circonférences concentriques,

$$\frac{3}{2}r < R + \frac{r}{2} \qquad \text{et} \qquad \frac{3}{2}r > R - \frac{r}{2}.$$

La première condition se réduit à $r < R$ et est toujours satisfaite. La seconde condition devient $R < 2r$ et est évidente.

A chaque position du rayon OA, répondent évidemment deux solutions ou une seule, suivant qu'on a $R < 2r$ ou $R = 2r$. Dans ce dernier cas, la solution unique est le diamètre commun $BAOA_1B_1$, le cercle auxiliaire touchant en B la plus grande des deux circonférences concentriques.

▸ **2.** *On donne deux cercles égaux* A *et* B, *dont chacun passe par le centre de l'autre. Si une corde commune quelconque est tirée parallèlement à la ligne des centres* AB, *en déterminant la corde* CF *sur la circonférence* A *et la corde* ED *sur la circonférence* B, *les figures* ACEB, AFDB *sont des parallélogrammes. De plus, si l'on prolonge* AF, *de manière à couper encore la circonférence* A *en* G *et la circonférence* B *en* H, *on a* $EF = FH$ *et* $CD = GH$ (*fig.* 64).

Fig. 64.

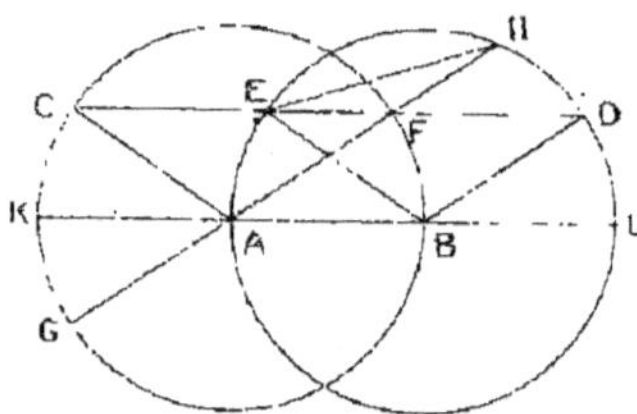

Les deux cordes CF et ED étant, dans des cercles égaux, à la même distance des centres respectifs, sont égales. Les deux triangles isocèles CAF, EBD sont donc égaux comme ayant leurs trois côtés égaux ; ce qui entraîne l'égalité des angles correspondants ACF, BED, ainsi que celle des angles correspondants AFC, BDE. Les rayons AC et BE sont par suite parallèles, et il en est de même des rayons AF et BD. Les figures ACEB, AFDB sont donc des parallélogrammes, et l'on a $CE = FD = AB$.

En outre, si AF prolongé dans les deux sens coupe encore la circonférence A en G et la circonférence B en H, on voit que l'angle inscrit HAL a pour mesure, dans la circonférence B, la moitié de l'arc HDL, tandis que l'angle au centre DBL qui lui est égal, a pour mesure l'arc DL. Il en résulte que le point D est le milieu de l'arc HL, et qu'on a (146)

$$\text{arc } DL = \text{arc } EA = \text{arc } HD.$$

Or, dans le triangle EFH, l'angle en H a pour mesure, comme angle inscrit, la moitié de l'arc EA, tandis que l'angle en E a pour mesure la moitié de l'arc HD. Le triangle EFH est ainsi isocèle, et l'on a $EF = FH$.

D'ailleurs, comme la distance AB des centres représente un rayon r de chacune des circonférences données, il en résulte

$$CD = 2r + EF \qquad \text{et} \qquad GH = 2r + FH,$$

c'est-à-dire $CD = GH$.

3. *Si l'on mène à une circonférence une tangente quelconque, la partie interceptée sur cette tangente par deux tangentes fixes menées aux extrémités d'un même diamètre est vue du centre de la circonférence sous un angle droit (fig. 65).*

Les tangentes AD, BC, qui correspondent aux extrémités d'un même diamètre AB, interceptent sur la tangente en un point quelconque M de la circonférence O une longueur CD. Si l'on joint OM, les deux triangles rectangles OAD, OMD sont égaux (49, 2°), et l'angle au centre DOA est égal à l'angle au centre DOM. De même,

l'égalité des triangles rectangles OBC, OMC entraîne celle
des angles au centre COB, COM. L'angle COD est donc la
moitié de la somme des angles formés autour du point O

Fig. 65.

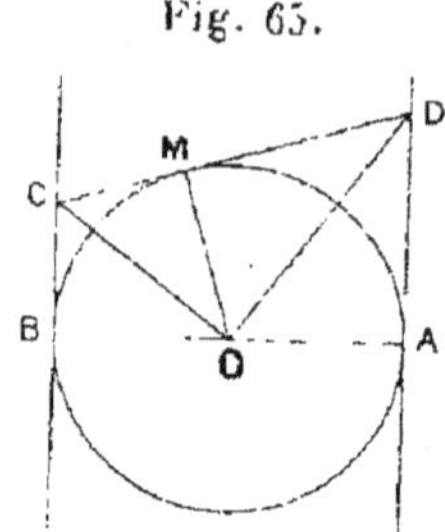

et au-dessus du diamètre AB. Par suite, cet angle COD
est droit (24).

* 4. A *étant un point quelconque pris sur un diamètre
(ou son prolongement) d'une circonférence donnée* O,
*on mène le rayon OB perpendiculaire à ce diamètre. Si
la droite AB coupe une seconde fois la circonférence
en* P, *et si la tangente en* P *coupe en* C *le diamètre* OA,
on a AC = CP (*fig.* 66).

Fig. 66.

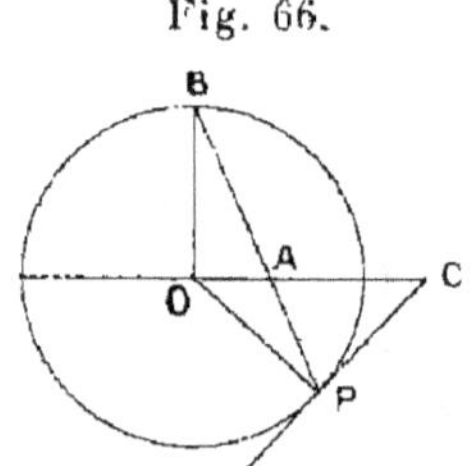

En effet, OPC étant un angle droit, il en est de même
de la somme OPB + APC, ou de la somme OBP + CAP
en vertu du triangle rectangle BOA. Comme le triangle
OBP est isocèle, l'angle OPB est égal à l'angle OBP. Par
suite, l'angle APC est égal à l'angle CAP. Le triangle CAP
est donc lui-même isocèle, et l'on a AC = CP.

R. et DE C. — *Solutions, I.*   7

5. On donne dans une circonférence O deux cordes AB et CD, la corde CD passant par le milieu E de la corde AB. On mène des tangentes à la circonférence par les extrémités de la corde CD, et l'on prolonge la corde AB jusqu'aux points P et Q, où elle rencontre ces tangentes. Prouver que les segments compris sur AB, entre ces tangentes et la circonférence, sont égaux, c'est-à-dire qu'on a AP = BQ *(fig. 67).*

Fig. 67.

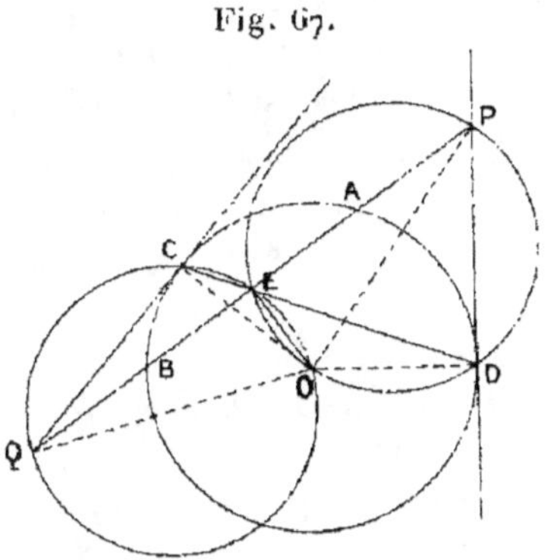

En effet, OE étant perpendiculaire sur AB et OD sur DP, la circonférence décrite sur OP, comme diamètre, passe par les points E et D (171). La circonférence décrite sur OQ comme diamètre passe de même par les points E et C. Les angles inscrits OPE, ODE sont égaux comme ayant la même mesure dans la circonférence OP (169), et les angles inscrits OQE, OCE sont égaux comme ayant la même mesure dans la circonférence OQ. D'ailleurs, le triangle COD étant isocèle, l'angle ODE est égal à l'angle OCE. Il en est donc de même des angles OPE et OQE. Le triangle OPQ étant, par suite, isocèle, le point E est le milieu commun de AB et de PQ, et l'on a AB = PQ.

6. A, B, C étant trois points quelconques d'une circonférence O, D le milieu de l'arc AB et E le milieu de l'arc AC, la droite DE coupe respectivement en F et en G les cordes AB et AC : démontrer que AF = AG.

L'angle en F du triangle AFG a pour mesure la demi-somme des arcs BD et AE (**172**); l'angle en G a pour mesure la demi-somme des arcs AD et CE. Ces deux angles sont donc égaux, le triangle AFG est isocèle, et l'on a AF = AG.

Les points F et G, au lieu d'être à l'intérieur de la circonférence, comme on vient de le supposer, pourraient être à l'extérieur, c'est-à-dire que DE rencontrerait alors les prolongements des cordes AB et AC. Les angles en F et en G auraient, dans ce cas, pour mesures la demi-différence des arcs compris entre leurs côtés (**173**); mais ces angles seraient encore égaux et le triangle AFG serait toujours isocèle.

*7. ABC étant un triangle inscrit dans une circonférence O (**149**), on joint le centre O au milieu D de l'arc BC et l'on mène AD. Démontrer que l'angle ADO est la moitié de la différence des angles B et C du triangle (fig. 68).*

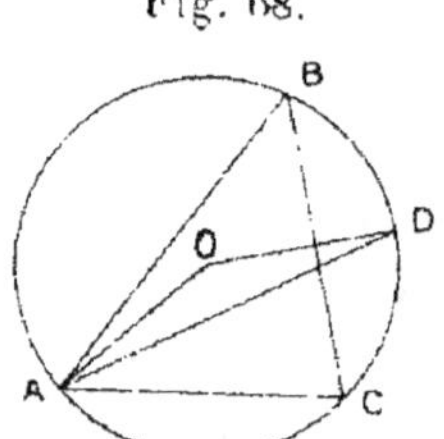

Fig. 68.

Le centre O peut être *au-dessus* ou *au-dessous* de AD. Supposons le *premier cas*.

Le triangle AOD étant isocèle, l'angle ADO est la moitié de la différence entre deux droits et l'angle au centre AOD. Sa mesure est donc la moitié de la différence entre une demi-circonférence et la somme des arcs AC et CD (**168, 167**). Mais la demi-circonférence est la somme des mesures des angles A, B, C du triangle inscrit (**77**), et AC est la mesure du double de l'angle B, comme CD la mesure de l'angle A (169). La mesure de l'angle ADO est donc la moitié de la différence des mesures des angles C et B, c'est-à-dire que l'angle ADO est égal à la demi-différence des angles C et B.

Dans le *second cas,* on trouve d'une manière analogue, pour l'angle ADO, la valeur

$$\tfrac{1}{2}(B - C).$$

8. *Si, par l'un des points d'intersection* A *de deux circonférences* O *et* O', *on trace une sécante quelconque* BAC, *les tangentes* BM *et* CM, *menées en* B *et en* C *à chacune des deux circonférences, se coupent sous un angle constant* (*fig.* 69).

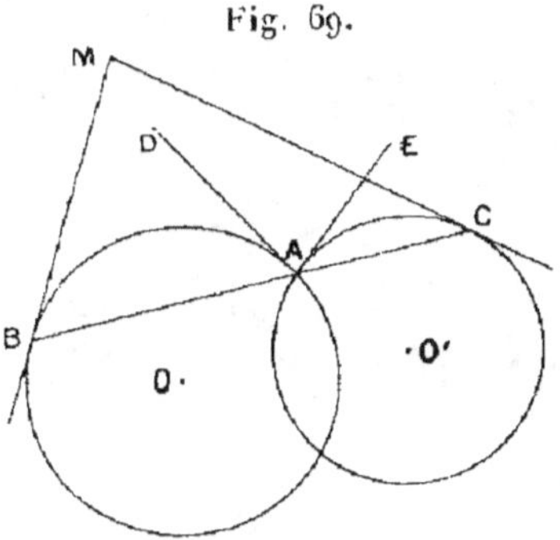

Fig. 69.

En effet, menons au point d'intersection A la tangente AD à la circonférence O et la tangente AE à la circonférence O'. Autour du point A, la somme des trois angles BAD, DAE, EAC est égale à deux angles droits, comme celle des angles du triangle BMC. Mais l'angle en B de ce triangle est égal à l'angle BAD comme ayant même mesure (170), et l'angle en C est égal à l'angle EAC pour la même raison. Le troisième angle en M du triangle BMC, angle qui varie avec la position de la sécante BAC autour du point A, est donc égal à l'angle *fixe* DAE des deux tangentes menées au point A.

9. *On donne deux circonférences O et O', qui se coupent. On mène, par un de leurs points d'intersection A, une sécante commune déterminant dans les deux circonférences deux cordes AB et AC en prolongement, ou deux cordes AM et AN en recouvrement. On demande d'étudier les variations de longueur de la somme des cordes ainsi interceptées par les deux circonférences sur la sécante commune, lorsque cette sécante occupe toutes les positions possibles en tournant autour du point d'intersection A (fig. 70).*

Fig. 70.

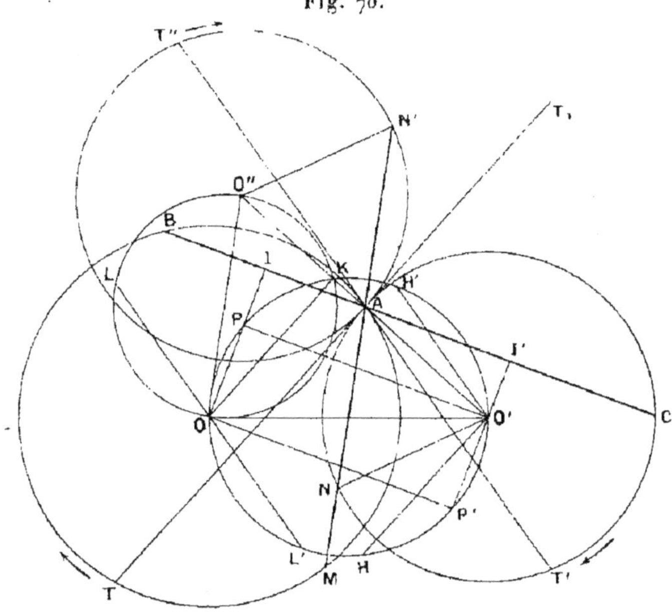

Soit d'abord le cas où les cordes déterminées par la sécante commune BAC sont *en prolongement*. Abaissons sur AB et AC les perpendiculaires OI et O'I'. On a évidemment (133) $2II' = AB + AC$ et, en menant sur OI la perpendiculaire O'P et sur O'I' la perpendiculaire OP', on a également $2O'P = 2OP' = 2II'$. D'ailleurs, la circonférence décrite sur OO' comme diamètre passe par les

7*

points P et P′ (171). Il suffira donc, *dans le premier cas,* d'étudier les variations de longueur des cordes menées dans la circonférence OO′, parallèlement aux positions de la sécante BAC, par le point O′ ou par le point O, et l'on aura toujours

$$2\,O'P = 2\,OP' = AB + AC.$$

Soit maintenant le cas où les cordes déterminées par la sécante commune ANM sont *en recouvrement* ou *superposées.* Prolongeons le rayon O′A d'une longueur égale AO″ et, du point O″ comme centre, avec O″A comme rayon, décrivons une circonférence qui sera tangente en A à la circonférence O′A (156, 2°). Prolongeons, en sens inverse, la sécante ANM jusqu'au point N′ où elle rencontre de nouveau la circonférence O″A. Les deux triangles isocèles AO′N, AO″N′ étant évidemment égaux, on a AN′ = AN. Il en résulte que, lorsque les cordes déterminées par la sécante commune ANM sont superposées, il suffit d'étudier les variations de longueur de la sécante correspondante MAN′ où les cordes sont en prolongement, par rapport aux circonférences O et O″, la circonférence O″ remplaçant la circonférence *égale* O′.

On n'a ainsi qu'un seul et même cas à examiner, relativement à deux couples de circonférences : O et O′ d'une part, O et O″ d'autre part.

Pour le premier couple (O, O′), nous aurons les positions limites de la sécante BAC en menant par le point A des tangentes aux deux circonférences O et O′. Nous obtiendrons de cette manière, dans la circonférence O, la corde AT, tangente à la circonférence O′ ou perpendiculaire à O′A ; et, dans la circonférence O′, la corde AT′, tangente à la circonférence O ou perpendiculaire à OA.

La sécante BAC partira donc de la tangente AT et, en tournant dans le sens convenable, c'est-à-dire *extérieurement* à l'angle TAT′, viendra finalement coïncider avec la tangente AT′. Dans le cercle décrit sur OO′ comme diamètre, la longueur de la sécante sera donc représentée d'abord par le double $2O'H$ de la corde $O'H$ parallèle à AT. A mesure que la sécante tourne en s'éloignant de AT dans le sens de la flèche, la corde qui lui est menée parallèlement par O', et dont le double représente sa longueur, va en croissant jusqu'à ce qu'elle se confonde avec le diamètre $O'O$ de la circonférence auxiliaire. La sécante est alors parallèle à OO', et sa longueur passe par un maximum égal à $2OO'$. Au delà, la corde parallèle à la sécante diminue, en tournant autour de O' et en s'éloignant de O'O, jusqu'à ce qu'elle devienne, en $O'H'$, parallèle à AT'. Le maximum $2OO'$ de la longueur de la sécante BAC est ainsi compris entre deux minimums $2O'H$ et $2O'H'$.

Pour le second couple (O, O''), la sécante MAN' (qui remplace MAN) se confond d'abord avec la corde AT'', prolongement dans le cercle O'' de la tangente AT' au cercle O; et, en continuant le mouvement dans le même sens, c'est-à-dire *intérieurement* à l'angle $T''A.T_1$, opposé par le sommet à l'angle T'AT, elle vient coïncider avec la tangente AT au cercle O'' en A.

Le cercle auxiliaire est ici le cercle décrit sur OO'' comme diamètre. Par suite, en menant dans ce cercle la corde OL, parallèle à AT'', la longueur de la sécante commune part de la valeur $2OL$ et va en croissant jusqu'à $2OO''$, qui est un second maximum, pour décroître ensuite jusqu'au minimum $2OK$, OK étant la corde commune aux deux circonférences OO'' et OO'.

En effet, la ligne des centres de ces deux circonférences auxiliaires est, dans le triangle $OO'O''$, parallèle à la base $O'O''$ (74). Leur corde commune OK est donc perpendiculaire à $O'O''$ (151) et, par suite, parallèle à la tangente AT.

Il est évident d'ailleurs que, si l'on prolonge la corde OL jusqu'au point L' où elle rencontre la circonférence OO', on a $OL' = O'H' = OL$, puisque ces cordes répondent, dans les deux circonférences auxiliaires, à la même position T''AT' de la sécante commune. On a de même

$OK = O'H$, puisque ces deux cordes répondent à la même position AT de la sécante.

En résumé, la longueur de la sécante commune présente, dans sa rotation complète autour du point A, deux maximums différents, $2OO'$ et $2OO''$, chacun de ces maximums étant compris entre deux minimums égaux, OK et OL ou OL et OK.

VINGT-QUATRIÈME LEÇON.

Lieu des points d'où l'on voit une droite sous un angle donné. — Quadrilatère inscriptible.

1. Par l'un des points d'intersection A de deux circonférences O et O' qui se coupent, on mène deux sécantes quelconques BAC, DAE : démontrer que les cordes BD et CE, qui joignent respectivement leurs extrémités, se rencontrent en M sous un angle constant (fig. 71).

Fig. 71.

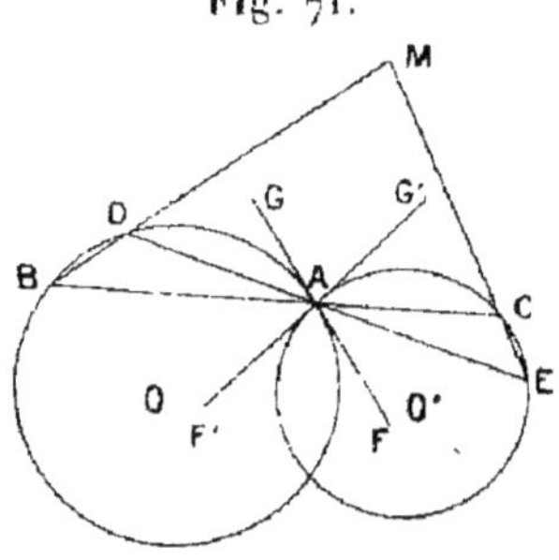

En effet, menons par le point A les tangentes FG et F'G' aux circonférences O et O'. L'angle ABD et l'angle GAD seront égaux comme ayant la même mesure dans la circonférence O ; l'angle ACE et l'angle F'AE seront égaux comme ayant la même mesure dans la circonférence O'. La différence des deux angles ACE et ABD est donc égale à la différence des deux angles F'AE et GAD, c'est-à-dire, évidemment, à l'angle GAG'.

Mais, la somme des angles du triangle MBC étant égale

à deux droits, et l'angle MCB étant le supplément de l'angle ACE, on a (81)

$$BMC + ABD = ACE,$$

d'où

$$BMC = ACE - ABD = GAG'.$$

L'angle sous lequel se rencontrent les cordes BD et CE est donc l'angle des deux tangentes *fixes* menées en A aux deux circonférences O et O'.

Si la sécante BAC demeure invariable pendant que la sécante DAE tourne autour du point A, le point M change de position, mais l'angle BMC reste toujours constant. Le lieu du point M au-dessus de BC est donc alors un arc de cercle passant par les points B et C (174).

Si, en tournant ainsi autour du point A, la seconde sécante DAE vient se confondre avec la première BAC, le théorème subsiste ; mais les cordes BD et CE deviennent, dans cette hypothèse, les tangentes menées respectivement à chaque circonférence par les extrémités B et C de la sécante BAC (*voir* l'Exercice 8 de la vingt-troisième Leçon).

2. *Les hauteurs* AA', BB', CC' *d'un triangle quelconque* ABC, *sont les bissectrices des angles du triangle* A'B'C' (*fig.* 72).

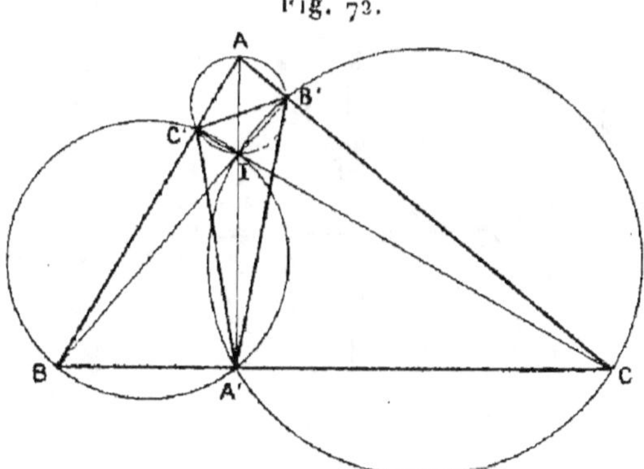

Fig. 72.

Les trois hauteurs du triangle ABC se coupent en un même point I (89).

A cause des angles droits en A′, B′, C′, les circonférences décrites sur AI, BI, CI, comme diamètres, passent respectivement (174) par les points B′ et C′, C′ et A′, A′ et B′.

Or, dans la circonférence BI, les angles IBC′, IA′C′ sont égaux comme ayant même mesure (169). Dans la circonférence CI, les angles ICB′, IA′B′ sont égaux pour la même raison. Mais les angles IBC′, ICB′ sont tous deux les compléments du même angle A dans les triangles rectangles BB′A, CC′A (80). L'angle IA′C′ est donc égal à l'angle IA′B′, et la hauteur AA′ est la bissectrice de l'angle A′ du triangle A′B′C′.

On prouverait de même que les hauteurs BB′ et CC′ sont les bissectrices des angles B′ et C′ du même triangle.

* 3. *Sur les trois côtés d'un triangle quelconque ABC, on construit, extérieurement à ce triangle, les triangles équilatéraux BCA′, CAB′, ABC′, et l'on demande de démontrer : 1° que les trois droites AA′, BB′, CC′ sont égales ; 2° qu'elles concourent en un même point O ; 3° que, de ce point O, on voit sous le même angle les trois côtés du triangle ABC (fig. 73).*

Fig. 73.

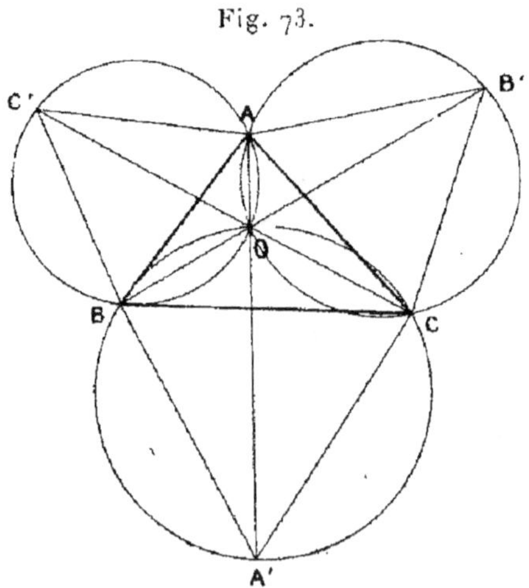

1° Comparons les deux triangles BAB′, CAC′. Ces

triangles ont deux côtés égaux d'après la construction, $AB' = AC$ et $AB = AC'$. De plus, les angles BAB' et CAC' compris entre ces côtés sont égaux, comme formés tous deux de l'angle A du triangle donné et d'un angle de triangle équilatéral, c'est-à-dire d'un angle égal à $\frac{2}{3}$ de droit. Les triangles BAB', CAC' sont donc égaux, et il en résulte $BB' = CC'$.

En comparant de la même manière les triangles ACA', BCB', on trouve $BB' = AA'$.

2° Circonscrivons une circonférence à chacun des triangles ABC', ACB'. Elles ont le point A commun et se coupent en un second point O. L'angle AOB, d'après sa mesure dans la première circonférence, est égal à $\frac{4}{3}$ de droit (169), et il en est de même de l'angle AOC d'après sa mesure dans la seconde circonférence. Il en résulte que l'angle BOC est égal (25) à quatre angles droits diminués de $\frac{8}{3}$ d'angle droit, c'est-à-dire encore à $\frac{4}{3}$ de droit. Par suite, la circonférence circonscrite au troisième triangle BCA' passera aussi par le point O, le segment supérieur dans cette circonférence à la corde BC étant capable de l'angle supplémentaire de $\frac{2}{3}$ de droit ou de l'angle égal à $\frac{4}{3}$ de droit (174).

Cela posé, considérons les droites OC', OA, OC. D'après sa mesure dans la circonférence ABC', l'angle AOC' est égal à $\frac{2}{3}$ de droit. Il en est de même des angles AOB', $B'OC$, d'après leurs mesures dans la circonférence ACB'. La somme de ces trois angles est donc égale à deux angles droits et, par suite (24), les trois points C', O, C sont en ligne droite ou le point O appartient à la droite CC'.

On prouvera d'une manière analogue que le point O appartient à la droite BB' et à la droite AA'. Les trois droites AA', BB', CC' concourent donc en un même point, qui est le point O défini précédemment.

3° Les trois angles AOB, AOC, BOC, formés autour du point O, étant tous égaux à $\frac{4}{3}$ de droit (2°), les trois côtés du triangle ABC sont vus du point O sous un même angle.

• 4. *Dans une circonférence O, on mène par le milieu A d'un arc BAC deux cordes quelconques AD et AE qui coupent en F et en G la corde BC. Démontrer que le quadrilatère DFGE est inscriptible.*

Comparons dans ce quadrilatère les angles opposés en D et en G.

L'angle en D a pour mesure $\frac{1}{2}(AC + CE)$ [169]. L'angle en G a pour mesure $\frac{1}{2}(AC + BD + DE)$ [172].

La somme de ces deux mesures est donc, en remplaçant dans la seconde l'arc AC par son égal AB, égale à une demi-circonférence. Les angles D et G sont, par conséquent, supplémentaires, et le quadrilatère DFGE est inscriptible (176).

• 5. *Un triangle équilatéral ABC étant inscrit dans une circonférence, l'arc qui sous-tend chaque côté est le lieu des points dont la somme des distances aux extrémités de l'arc ou aux sommets correspondants du triangle est égale à la distance au troisième sommet du triangle (fig. 74).*

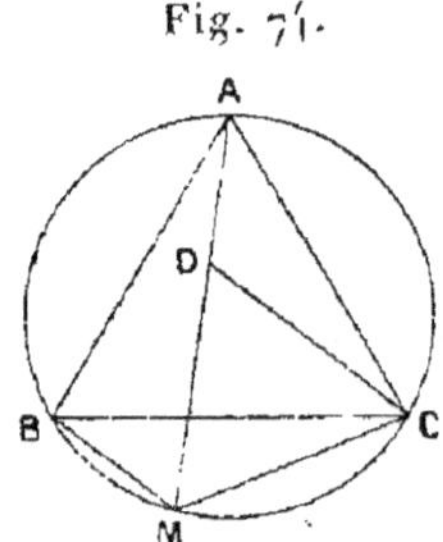

Fig. 74.

En effet, soit un triangle équilatéral ABC inscrit dans une circonférence. Prenons un point quelconque M sur l'arc BC, et joignons-le aux trois sommets du triangle. Portons alors sur AM une longueur AD égale à MB, et tirons DC.

Les deux triangles DAC, MBC sont égaux comme ayant un angle égal compris entre deux côtés égaux, savoir

AD = MB par construction, AC = BC puisque le triangle ABC est équilatéral, et les angles DAC, MBC égaux entre eux comme inscrits dans le même segment (171). On en conclut DC = MC, et le triangle DCM est isocèle. Il est même équilatéral, puisque l'angle DMC ou AMC, égal à l'angle ABC du triangle donné comme inscrit dans le même segment, vaut $\frac{2}{3}$ de droit. On a donc aussi DM = MC, c'est-à-dire

$$MA = AD + DM = MB + MC.$$

6. *Les bissectrices des angles extérieurs d'un quadrilatère convexe forment un quadrilatère inscriptible* (**176**).

Nous avons démontré la même propriété pour les angles *intérieurs* (12ᵉ Exercice de la treizième Leçon). Or, les bissectrices des angles extérieurs d'un quadrilatère convexe (**85**) sont respectivement perpendiculaires sur les bissectrices de ses angles intérieurs (2ᵉ Exercice de la

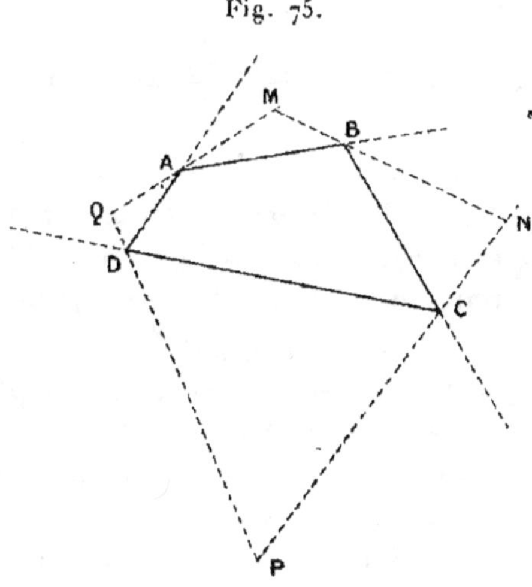

Fig. 75.

troisième Leçon). Les angles du quadrilatère formé par les premières sont donc les égaux ou les suppléments des angles du quadrilatère formé par les secondes (2ᵉ Exercice de la douzième Leçon) : ce qui justifie l'énoncé.

On peut d'ailleurs établir directement la proposition.

On obtient, par exemple (*fig.* 75), en menant les bissectrices des angles extérieurs du quadrilatère ABCD, le quadrilatère MNPQ.

On a alors, pour l'angle M, dans le triangle AMB,

$$M = 2 \text{ droits} - \frac{2 \text{ droits} - A}{2} - \frac{2 \text{ droits} - B}{2},$$

c'est-à-dire

$$M = \frac{A + B}{2}.$$

On a de même, dans le triangle CPD,

$$P = 2 \text{ droits} - \frac{2 \text{ droits} - C}{2} - \frac{2 \text{ droits} - D}{2},$$

c'est-à-dire

$$P = \frac{C + D}{2}.$$

Par suite (84),

$$M + P = \frac{A + B + C + D}{2} = 2 \text{ droits}.$$

7. *Lorsque les côtés d'un angle rencontrent deux circonférences, les cordes des arcs interceptés par ces côtés sur les deux circonférences, étant convenablement prolongées, forment un quadrilatère inscriptible (*fig.* 76).*

Soient les deux circonférences O et O', coupées par les côtés de l'angle BAC suivant les arcs DE, FG, HI, KL. En prolongeant les cordes HI, KL jusqu'à leurs rencontres avec les cordes DE, FG, on obtient le quadrilatère MNPQ.

Les deux quadrilatères DEGF, HILK étant inscrits (175), l'angle QEG est égal à l'angle DFG (ou à son opposé NFH), puisque ces deux angles ont le même supplément ; et l'angle QLI est égal, pour la même raison, à l'angle IHK (ou à son opposé NHF).

Les deux triangles NFH, QEL ont ainsi deux angles égaux chacun à chacun. Par suite, leurs troisièmes angles

Fig. 76.

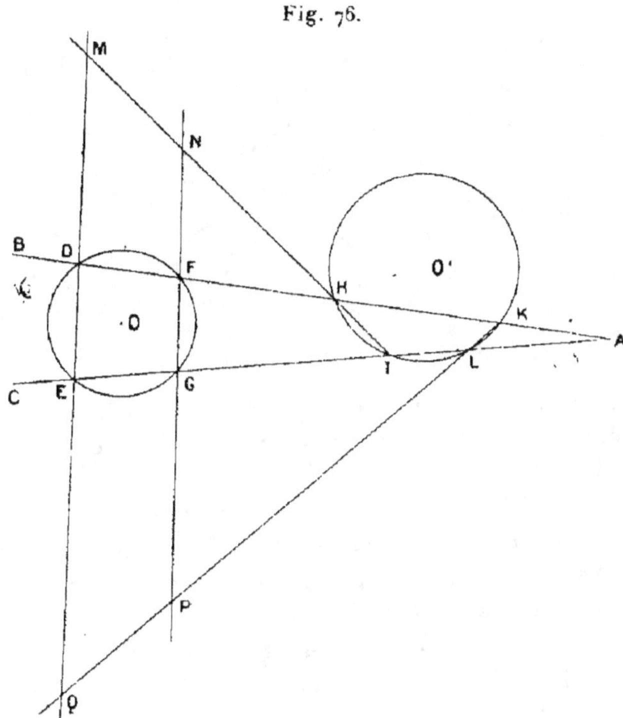

FNH, EQL sont égaux, de sorte que, dans le quadrilatère MNPQ, les angles en N et en Q sont supplémentaires. Ce quadrilatère est donc inscriptible (176).

8. *Si, d'un point quelconque de la circonférence circonscrite (149) à un triangle ABC, on abaisse des perpendiculaires sur les trois côtés du triangle, les pieds de ces perpendiculaires sont en ligne droite (fig. 77).*

Prenons un point M quelconque sur la circonférence circonscrite au triangle ABC, et abaissons de ce point, sur les côtés du triangle, les perpendiculaires MP, MQ, MR.

Il faut prouver que les points P, Q, R sont sur une même ligne droite.

Si l'on décrit une circonférence sur MC comme diamètre,

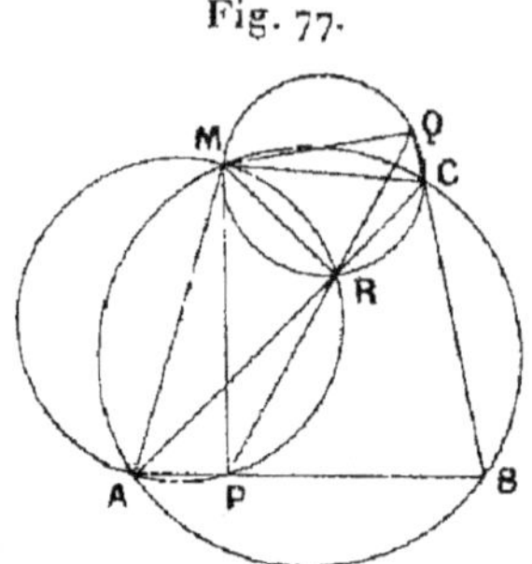

Fig. 77.

elle passera par les points Q et R (**174**). De même, la circonférence décrite sur MA comme diamètre passera par les points R et P.

Les angles CMQ, CRQ sont égaux comme ayant même mesure dans la circonférence MC (**169**). De même, les angles AMP, ARP sont égaux comme ayant même mesure dans la circonférence MA. Il suffit donc, pour établir que les trois points P, Q, R sont en ligne droite (1er Exercice de la deuxième Leçon), de démontrer l'égalité des angles CMQ et AMP.

Or, si l'on ajoute à chacun d'eux le même angle PMC, on obtient les deux angles PMQ, AMC, qui sont égaux entre eux comme suppléments de l'angle B du triangle ABC [les angles P et Q du quadrilatère PMQB sont droits (**84**), et le quadrilatère AMCB est inscrit dans la circonférence circonscrite au triangle ABC (**175**)]. Par suite, les deux angles CRQ, ARP sont égaux, et les trois points P, Q, R sont en ligne droite.

Réciproquement, si cette condition est remplie, les angles CRQ, ARP étant égaux comme opposés par le sommet, les angles CMQ, AMP le sont aussi, puisqu'ils ont respectivement des mesures égales dans les circonférences MC et MA. Si l'on ajoute à ces derniers angles le même angle PMC, l'angle AMC est, comme son égal PMQ. le supplément de l'angle B, de sorte que le point M appartient à la circonférence circonscrite au triangle ABC (174).

Cette circonférence est donc le lieu des points tels, que les pieds des perpendiculaires abaissées de l'un d'eux sur les trois côtés du triangle donné soient en ligne droite.

La droite PQR, dont on vient de démontrer l'existence et qui varie avec la position du point M sur la circonférence circonscrite au triangle ABC, porte le nom de *droite de Simson.*

VINGT-CINQUIÈME LEÇON.

Usage de la règle et du compas. — Construction des angles. — Division de la circonférence. — Rapporteur.

1. *Décrire, avec un rayon donné, une circonférence passant par un point donné et ayant son centre sur une droite donnée.*

Soient A le point donné et BC la droite donnée. Si, du point A comme centre avec un rayon égal au rayon donné, on décrit une circonférence qui rencontre BC en O, la circonférence décrite du point O comme centre avec OA pour rayon répondra à la question.

Si la droite BC est coupée en deux points O et O′ par la circonférence AO, il y a deux solutions. Ces solutions se réduisent à une seule, si la circonférence AO est tangente à la droite BC ou si la distance du point A à la droite BC est égale au rayon donné. Enfin, le problème est impossible, si la droite est extérieure à la circonférence ou si la distance de A à BC surpasse le rayon donné.

2. *Décrire, avec un rayon donné, une circonférence passant par un point donné et ayant son centre sur une circonférence donnée.*

Soient A le point donné et C la circonférence donnée. Si, du point A comme centre avec un rayon égal au rayon donné, on décrit une circonférence qui rencontre en O la circonférence C, la circonférence décrite du point O comme centre avec OA pour rayon répondra à la question.

Si la circonférence C est coupée en deux points O et O′ par la circonférence AO, il y a deux solutions. Ces solutions se réduisent à une seule, si les circonférences AO et C sont tangentes. Enfin, le problème est impossible, si les deux circonférences ne se rencontrent pas.

Désignons par R le rayon donné et par r le rayon de la circonférence C. Dans le premier cas, la distance AC est comprise entre R — r et R + r (156, 3°). Dans le second cas, AC est égale à R + r ou à R — r, et les deux circonférences AO et C sont tangentes extérieurement (156, 2°) ou intérieurement (156, 4°). Enfin, dans le troisième cas, on a AC > R + r ou AC < R — r, et les deux circonférences AO et C sont extérieures (156, 1°) ou intérieures (156, 5°).

3. *On donne un point A hors d'une circonférence O, et l'on demande de mener par ce point une sécante ABC qui soit partagée en deux parties égales par la circonférence (fig. 78).*

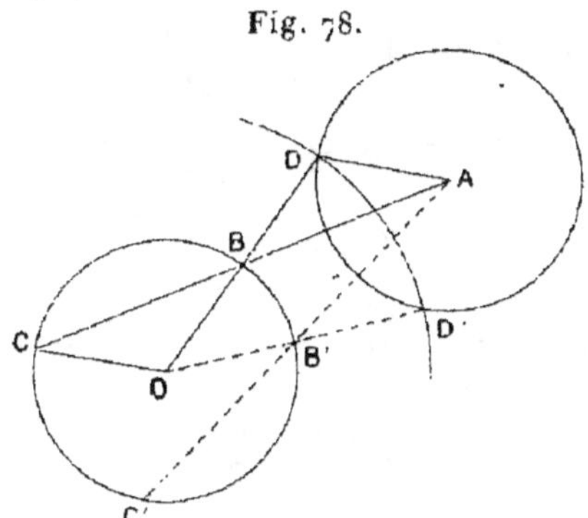

Fig. 78.

Le problème étant supposé résolu, menons les rayons OB, OC et prolongeons OB d'une longueur égale BD. Les deux triangles BOC, BDA seront alors égaux (34, 2°), puisque le point B doit être le milieu de AC, et l'on aura AD = OC et OD = 2 OB.

On déduit de là la construction suivante. Du point A comme centre, on décrit une circonférence égale à la circonférence O ; puis, du point O comme centre, avec un rayon double de celui de la circonférence donnée, on décrit un arc qui vient couper en D la circonférence A. On n'a plus qu'à joindre OD pour couper la circonférence O au point de passage B de la sécante demandée.

Pour que le problème soit possible, il faut que la circonférence A et la circonférence OD puissent se couper. La distance AO de leurs centres doit donc être moindre que la somme de leurs rayons, qui est égale à 3 OB, et plus grande que la différence de leurs rayons, qui est égale à OB. Si le point A satisfait à ces conditions, les circonférences A et OD se coupent en deux points D en D', et il y a deux solutions : ABC et AB'C'.

Si l'on avait AO = 3 OB, les deux circonférences A et OD seraient tangentes extérieurement, et il n'y aurait qu'une solution qui se confondrait avec AO. BC = AB représenterait un diamètre de la circonférence O.

Pour AO > 3 OB, le problème devient impossible, les circonférences A et OD étant extérieures l'une à l'autre.

Enfin, on ne peut avoir ni AO = OB ni AO < OB, puisque le point A appartiendrait alors à la circonférence O ou deviendrait intérieur à cette circonférence.

4. *Par un point* M *donné sur un diamètre* AB *d'une circonférence* O, *ou sur son prolongement, mener une corde* CD *telle, que l'arc* AC *soit le triple de l'arc* BD (*fig.* 79).

Fig. 79.

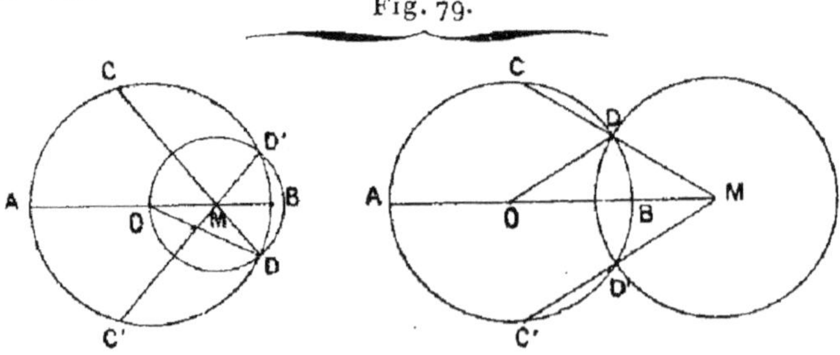

Le problème étant supposé résolu, menons le rayon OD.

Dans le triangle MOD, l'angle au centre O a pour mesure l'arc BD, tandis que l'angle BMD, dont le sommet est intérieur à la circonférence, a pour mesure $\frac{1}{2}(AC + BD)$ (172), c'est-à-dire, d'après l'énoncé, $2\,BD$. Par suite, l'angle BMD, extérieur au triangle MOD, est double de l'angle intérieur en O; ce qui exige (78) que, dans ce triangle, l'angle en D soit égal à l'angle en O, ou que ce triangle soit isocèle; d'où $MD = OM$.

On est donc conduit à cette construction : du point M comme centre, avec OM pour rayon, on décrit une circonférence; si elle coupe la circonférence O en deux points D et D′, il y a deux solutions qui sont les cordes CD et C′D′ passant respectivement par le point M et les points D et D′.

Pour que le problème soit possible, il faut qu'on ait

$$MO > MB.$$

Si le point M appartient au prolongement du diamètre, la solution est analogue. L'angle BMD, dont le sommet est extérieur à la circonférence O, a ici pour mesure

$$\tfrac{1}{2}(AC - BD)\,[173],$$

c'est-à-dire BD. Le triangle MOD est encore isocèle, et l'on a $MD = OD$.

On décrit donc, du point M comme centre avec OD pour rayon, un arc de cercle qui coupe la circonférence O en deux points D et D′, d'où les solutions MDC, MD′C′.

Pour que le problème soit possible, il faut qu'on ait

$$MB < OB.$$

VINGT-SIXIÈME LEÇON.

PROBLÈMES ÉLÉMENTAIRES.

Construction des angles et des triangles.

* 1. *D'un point donné A, tirer trois droites de longueurs données M, N, P, telles que leurs extrémités soient sur une même droite et déterminent sur cette droite des distances égales (fig. 80).*

Fig. 80.

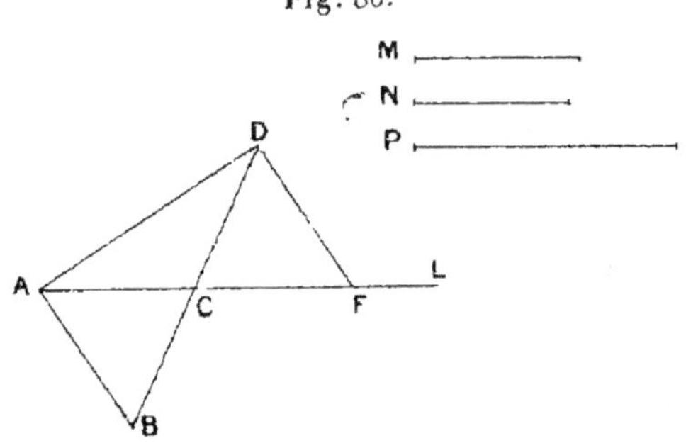

Par le point A, menez une droite quelconque AL, et portez sur cette droite AC = CF = N. Construisez sur AF, à l'aide de deux arcs de cercle (187), le triangle AFD, dont les deux autres côtés soient AD = P et FD = M; puis, sur DC prolongé, prenez CB = CD. Les trois droites demandées seront alors AB = M, AC = N, AD = P; car, d'après l'égalité des triangles ACB, DCF (34, 2°) on a AB = FD.

* 2. *Construire un triangle ABC, connaissant deux côtés AB et AC et une médiane.*

Il y a deux cas à distinguer.

La médiane donnée peut correspondre à l'un des côtés donné et être, par exemple, BE. On connaît alors les trois côtés du triangle ABE; on peut le construire (187), et en déduire immédiatement le triangle demandé ABC.

La médiane donnée AD peut correspondre au troisième côté BC du triangle, c'est-à-dire au côté qui n'est pas donné. Mais on vient de résoudre (1) la question de mener d'un point A trois droites de longueurs données, ayant leurs extrémités sur une même droite et y déterminant des distances égales. En appliquant le résultat trouvé aux longueurs AB, AC, AD, on obtient le triangle ABC.

3. *Construire un triangle* ABC, *connaissant un côté* BC *et deux médianes.*

On a encore deux cas à considérer.

Soit G le point de rencontre des trois médianes du triangle ABC (91). Si les deux médianes données partent des extrémités du côté BC, on connaît les trois côtés du triangle BGC, et on peut le construire (187). On prolonge alors BG d'une longueur $GE = \dfrac{BG}{2}$ et CG d'une longueur $GF = \dfrac{CG}{2}$. En joignant ensuite BF et CE, on obtient le triangle ABC.

Si, des deux médianes données, l'une est AD, c'est le triangle BGD dont on connaît les trois côtés. On le construit, et l'on en déduit ensuite facilement le triangle ABC.

4. *Construire un triangle* ABC, *connaissant ses trois médianes* (*fig.* 35).

Nous avons vu comment, d'un triangle ABC, on pouvait déduire un triangle CDF ayant pour côtés les trois médianes du triangle ABC (14ᵉ Exercice de la quatorzième Leçon). On n'a donc qu'à faire l'inverse, c'est-à-dire, après avoir construit le triangle CDF, à en déduire le triangle ABC.

Le sommet C est commun aux deux triangles. On prend sur le côté CD du triangle CDF une longueur $DG = \dfrac{CD}{3}$, et l'on a le point G. On mène à DF, en sens inverse, la paral-

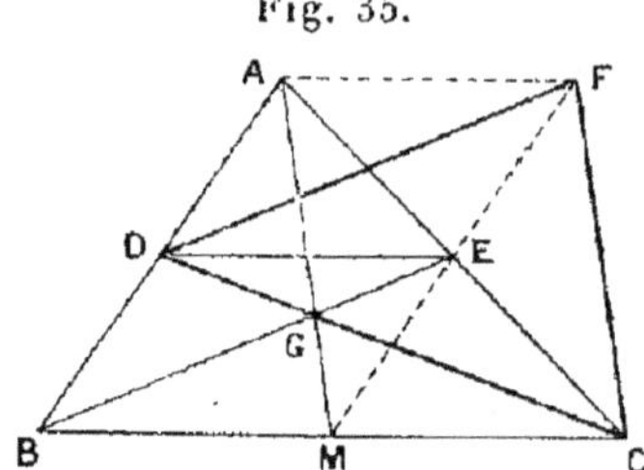

Fig. 35.

lèle GB sur laquelle on prend $GB = \frac{2}{3}$ de DF ou de BE, et l'on a le sommet B. En prolongeant BG de $GE = \dfrac{BG}{2}$, on a le point E. CE est un lieu du sommet A et BD en est un autre. Le triangle ABC est donc déterminé.

• 5. *Construire un triangle ABC, connaissant un angle, le côté opposé et la somme des deux autres côtés* (*fig.* 81).

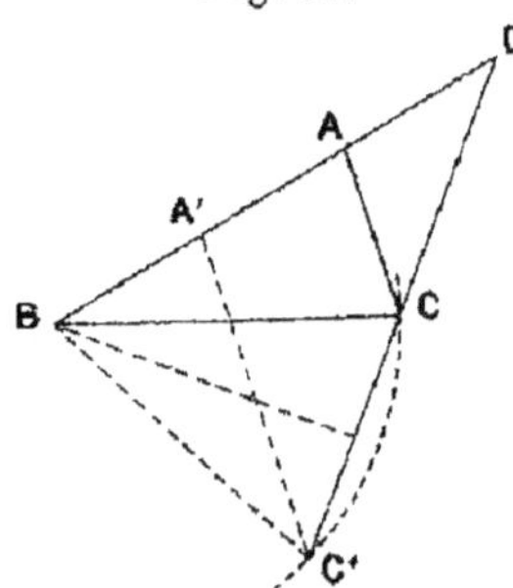

Fig. 81.

Dans le triangle ABC, on donne l'angle A, le côté opposé BC et la somme AB + AC des deux autres côtés. Il faut construire le triangle.

Supposons le problème résolu, et prolongeons AB d'une longueur AD = AC. Le triangle ADC est isocèle; l'angle D est donc égal à la moitié de l'angle extérieur A qui est donné (78). Par suite, dans le triangle BDC, on connaît deux côtés BD et BC et l'angle D opposé à l'un d'eux. On peut donc le construire (185).

L'angle D étant opposé au plus petit des deux côtés donnés (38). l'arc de cercle décrit du point B comme centre avec BC pour rayon coupe le second côté de l'angle D en deux points C et C' situés tous les deux au-dessous du point D, et l'on obtient à la fois le triangle BDC et le triangle BDC' (185). Il y a donc aussi deux solutions pour le triangle ABC. On trouve la première ABC, en faisant en C l'angle DCA égal à l'angle D; et l'on trouve la seconde A'BC', en menant par le point C' la parallèle C'A' à CA.

6. *Construire un triangle* ABC, *connaissant un angle, le côté opposé et la différence des deux autres côtés* (*fig.* 82).

Dans le triangle ABC, on donne l'angle A, le côté opposé BC et la différence AB — AC des deux autres côtés. Il faut construire le triangle.

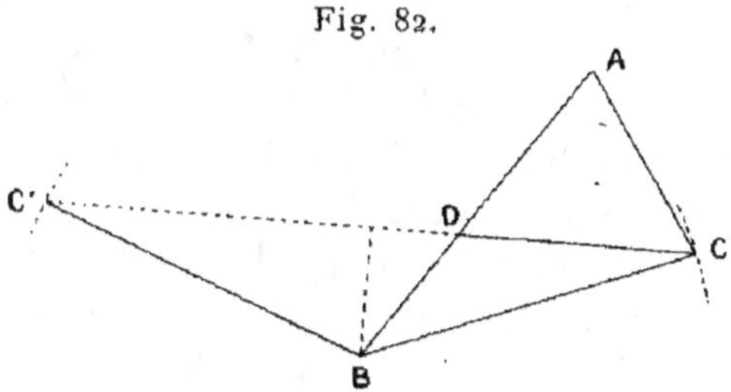

Fig. 82.

L'analyse de ce problème est analogue à celle du précédent.

Supposons le problème résolu, et prenons sur AB une longueur AD = AC. Le triangle ACD est isocèle. L'angle

extérieur BDC est donc égal à A + ACD ou à A + ADC
ou à A + 2 droits — BDC. Il en résulte

$$BDC = 1 \text{ droit} + \frac{A}{2}.$$

On connaît donc, dans le triangle BDC, deux côtés BC
et BD et l'angle opposé au plus grand de ces deux côtés (39).
La construction du triangle correspondant ne comporte
donc qu'une solution (186) : le triangle BDC convient, et
le triangle BDC′ ne convient pas.

Il n'y a donc aussi qu'un seul triangle ABC répondant
à la question, qu'on obtient en construisant en C un angle
DCA égal à 2 droits — BDC, c'est-à-dire au complément
de l'angle $\frac{A}{2}$.

7. *Construire un triangle* ABC, *connaissant un angle,
l'un des côtés adjacents et la somme des deux autres
côtés.*

Dans le triangle ABC, on donne l'angle A, le côté AB et
la somme AC + BC des deux autres côtés. Il faut construire
le triangle.

Supposons le problème résolu, et prolongeons AC d'une
longueur CD = BC. On peut alors construire le triangle
ABD, où l'on connaît deux côtés et l'angle compris (184).
En faisant ensuite dans l'angle ABD un angle CBD égal à
l'angle ADB, on détermine le triangle cherché ABC.

Pour que le problème soit possible, il faut que l'angle
ADB on CBD soit moindre que l'angle ABD, ou que AB
soit moindre que AD (37) ou que la somme AC + BC des
deux autres côtés du triangle; ce qui est la condition
connue de possibilité du triangle (39).

8. *Construire un triangle* ABC, *connaissant un angle,
l'un des côtés adjacents et la différence des deux autres
côtés.*

Dans le triangle ABC, on donne l'angle A, le côté AB et

la différence BC — AC des deux autres côtés. Il faut construire le triangle.

L'analyse de ce problème est analogue à celle du précédent.

Supposons le problème résolu, et portons CB sur CA en prenant CD = CB. On peut construire le triangle ABD, où l'on connaît deux côtés et l'angle compris, supplément de l'angle donné A (184). Le triangle CBD étant isocèle, il suffit ensuite de prolonger le côté DA de manière à avoir DC = DB, et de joindre le point B au point C, pour avoir le triangle cherché ABC.

Le problème est toujours possible.

9. Construire un triangle ABC, connaissant un côté, l'un des angles adjacents et la longueur de sa bissectrice.

Dans le triangle ABC, on suppose connus le côté AB, l'angle A et la longueur AM de sa bissectrice. Il faut construire le triangle.

Le triangle ABM est alors déterminé par deux côtés et l'angle compris $\dfrac{A}{2}$. On peut donc le construire (184). On en déduit ensuite le triangle demandé en faisant l'angle MAC égal à l'angle BAM : les deux droites BM et AC se coupent au sommet C.

Le problème est toujours possible.

10. Construire un triangle ABC, connaissant ses trois angles et son périmètre (fig. 83).

Dans le triangle ABC, les trois angles et le périmètre sont connus. Il faut construire le triangle.

Supposons le problème résolu. Prolongeons BC, en deçà de B, d'une longueur BD = AB et, au delà de C, d'une longueur CE = AC; puis joignons AD et AE. On forme ainsi les deux triangles isocèles ABD, ACE. L'angle en D est donc la moitié de l'angle B du triangle ABC, qui est extérieur au triangle ABD et qui est donné. De même, l'angle en E est la moitié de l'angle C du triangle ABC. On peut, par suite, construire le triangle DAE, où le côté DE représente le périmètre donné, et les angles en D et en E

Fig. 83.

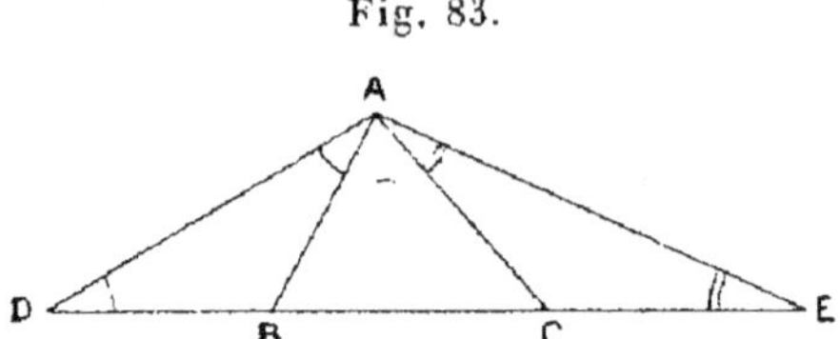

les moitiés des angles B et C du triangle ABC (183). On détermine de cette manière le sommet A, et il ne reste plus qu'à construire l'angle $DAB = \dfrac{B}{2}$ et l'angle $EAC = \dfrac{C}{2}$, pour obtenir le triangle ABC.

Le problème est toujours possible. En effet, la somme des angles en D et en E étant égale à $\dfrac{B + C}{2}$ est moindre (77) qu'un angle droit. Le point A sera donc bien déterminé (69) et, de plus, l'angle DAE, supplément de $\dfrac{B + C}{2}$, étant supérieur à un droit, on peut en retrancher $\dfrac{B}{2}$ et $\dfrac{C}{2}$ de part et d'autre de AD et de AE, de manière que les droites AB et AC ne se croisent pas.

11. *Construire un triangle* ABC, *connaissant ses trois angles et la somme de deux quelconques de ses côtés* (*fig.* 84).

Dans le triangle ABC, on suppose connus les trois angles et la somme de deux côtés quelconques, AB + AC par exemple. Il faut construire le triangle.

Supposons le problème résolu et considérons l'angle A compris entre les deux côtés dont la somme est donnée. Prenons sur BA prolongé une longueur AD = AC, et joi-

gnons CD. On obtient un triangle isocèle CAD, où l'angle
en D est la moitié de l'angle extérieur A. On peut alors

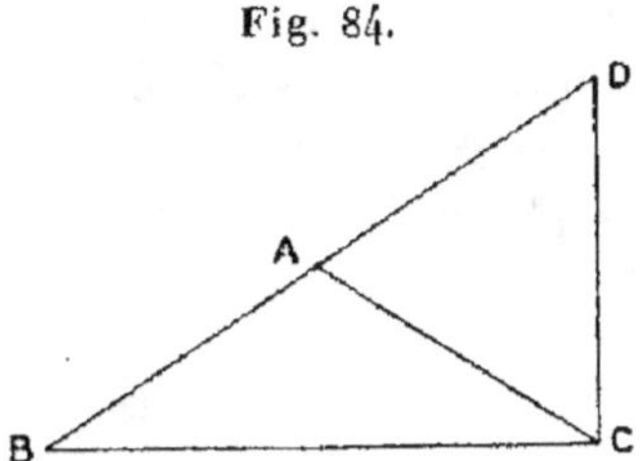

Fig. 84.

construire le triangle BDC, où l'on connaît le côté

$$BD = AB + AC$$

et les deux angles adjacents B et D ou $\dfrac{A}{2}$ (183). En construisant ensuite l'angle DCA égal à $\dfrac{A}{2}$, on obtient le triangle
cherché ABC.

Pour que le problème soit possible, il faut que l'angle
BDC soit moindre que l'angle BCD, puisque BC doit être
moindre que BD (39, 36). On doit donc avoir

$$\frac{A}{2} < 2 \text{ droits} - B - \frac{A}{2} \qquad \text{ou} \qquad A + B < 2 \text{ droits}.$$

Il y a trois solutions, puisque l'on peut considérer
comme somme donnée la somme des côtés comprenant
chaque angle du triangle.

12. *Construire un parallélogramme ABCD, connaissant ses diagonales et l'angle qu'elles forment.*

Dans le parallélogramme ABCD, on suppose connus les
diagonales AC, BD et leur angle AOD. Il faut construire
le parallélogramme.

Supposons le problème résolu. On peut construire le
triangle AOD, où l'on connaît deux côtés et l'angle com-

pris (**184**), puisque les diagonales d'un parallélogramme se coupent mutuellement en parties égales (**96**, 3°); puis, prolongeant AO d'une longueur OC = AO et DO d'une longueur OB = DO, on obtient les quatre sommets consécutifs du parallélogramme en A, B, C, D.

Si l'on avait donné l'angle AOB au lieu de l'angle AOD, une construction analogue aurait conduit au même parallélogramme.

▼13. *Construire un triangle* ABC, *connaissant un angle, la longueur de sa bissectrice et la hauteur issue du même sommet.*

On connaît, par exemple, dans le triangle ABC, l'angle A, la longueur AD de sa bissectrice et la hauteur AH issue du même sommet. Il faut construire le triangle.

Si l'on suppose le problème résolu, le triangle rectangle AHD est déterminé par son hypoténuse AD et un côté de l'angle droit AH (**49**, 2°). On le construit et, en faisant de part et d'autre de AD un angle égal à $\dfrac{A}{2}$, on obtient le triangle cherché ABC, puisque BC se confond en direction avec HD.

14. *Une droite* PQ *de longueur donnée se meut entre les côtés d'un angle quelconque* xAy, *en s'appuyant constamment sur eux. Dans chaque position de* PQ, *les perpendiculaires menées en* P *sur* Ax *et en* Q *sur* Ay *se coupent en un point* R, *tandis que les perpendiculaires abaissées de* P *sur* Ay *et de* Q *sur* Ax *se coupent en un point* S. *Démontrer que le lieu du point* R *et celui du point* S, *quand* PQ *occupe toutes les positions possibles, sont des cercles ayant* A *pour centre commun* (*fig.* 85).

Supposons une position quelconque de la droite PQ, pour laquelle les perpendiculaires élevées respectivement en P et en Q sur Ax et sur Ay se rencontrent au point R.

Le milieu O de AR est évidemment le centre du cercle circonscrit au quadrilatère APRQ (174, 176).

Fig. 85.

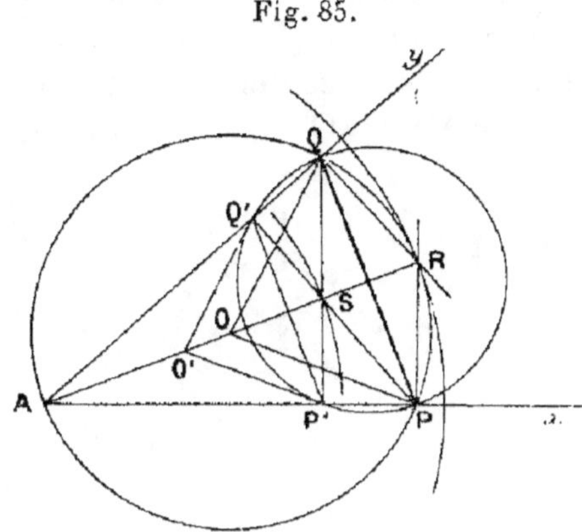

Si l'on considère alors le triangle OPQ, on voit que
l'angle POQ est égal au double de l'angle A (167, 169) :
il est donc donné comme ce dernier, ainsi que les angles
à la base du triangle isocèle POQ (29, 77). La longueur
PQ étant constante, ce triangle est complètement déterminé (183) et, par suite, il en est de même de AR = 2OP.
Le lieu du point R est donc un cercle ayant le point A
pour centre.

On démontre de même que le lieu du point S est un
cercle ayant aussi le point A pour centre.

En effet, soient PQ′ et QP′ les perpendiculaires abaissées de P sur Ay et de Q sur Ax, et qui se coupent au
point S. Si l'on joint P′Q′ et si l'on décrit sur PQ comme
diamètre une circonférence, elle passe par les points P′ et
Q′ (168, 171). L'angle A, dont le sommet est extérieur à
cette circonférence, a alors pour mesure (173)

$$\tfrac{1}{2}\,(\text{arc PQ} - \text{arc P′Q′}).$$

Or, l'angle A est constant ainsi que la longueur PQ. L'arc
P′Q′ est donc lui-même constant dans une circonférence

déterminée, et sa corde remplit par suite la même condition. On peut donc raisonner pour $P'Q'$ de la même manière que pour PQ. En prenant le milieu O' de AS, le triangle $O'P'Q'$ est constant comme le triangle OPQ, et le lieu du point S est la circonférence décrite du point A comme centre avec $AS = 2O'P'$ comme rayon.

VINGT-SEPTIÈME LEÇON.

PROBLÈMES ÉLÉMENTAIRES

(SUITE).

Tracé des parallèles et des perpendiculaires.

1. *Construire un triangle* ABC, *connaissant l'angle* A, *la longueur de sa bissectrice et l'une des hauteurs opposées à l'angle* A.

On donne dans le triangle ABC l'angle A, la longueur AD de sa bissectrice et l'une des hauteurs BK opposée à l'angle A. Il faut construire le triangle.

Supposons le problème résolu. Dans le triangle rectangle BKA, on connaît les angles (77) et le côté BK. On peut donc le construire (183). On peut déterminer également la bissectrice de l'angle A (190), sur laquelle on portera la longueur donnée AD; puis, en joignant BD et en continuant cette droite jusqu'à sa rencontre C avec AK prolongé, on obtiendra le triangle cherché ABC.

2. *Diviser un angle droit en trois parties égales* (*fig.* 86).

Soit donné l'angle droit BAC.

Sur l'un des côtés, prenons une longueur arbitraire AB, et élevons sur le milieu de AB une perpendiculaire indéfinie xy; puis, du sommet A comme centre avec un rayon égal à AB, traçons un arc de cercle qui vient couper xy au point M. Le triangle ABM étant alors équilatéral (53), l'angle MAB est égal à $\frac{2}{3}$ d'angle droit et, par suite, l'angle MAC à $\frac{1}{3}$ d'angle droit. Il ne reste donc plus qu'à construire la bissectrice de l'angle BAM (190) ou à abaisser du

Fig. 86.

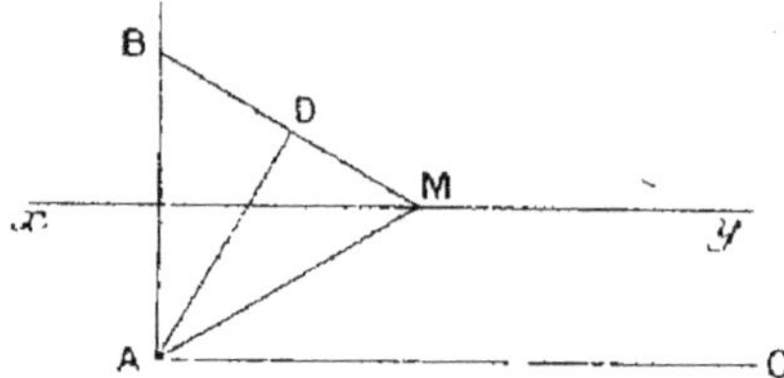

point A une perpendiculaire AD sur BM (192, 31), pour avoir résolu la question.

3. *Construire un trapèze* ABCD, *connaissant ses quatre côtés.*

Dans le trapèze ABCD, on donne les quatre côtés en indiquant leur situation. Il faut construire le trapèze.

Supposons le problème résolu, et menons par le sommet C la parallèle CE au côté DA. Les trois côtés du triangle CEB sont alors connus, puisque CE $=$ DA (71) et que BE est égal à la différence des deux bases AB et CD. On peut donc construire le triangle CEB; puis en traçant par le sommet C une parallèle à BE (188), en portant sur cette parallèle une longueur CD égale à la petite base du trapèze et en prolongeant BE de cette même longueur, on obtient le trapèze cherché.

4. *Mener, entre deux circonférences données* O *et* O′, *une droite parallèle à une direction donnée et ayant une longueur donnée* l *(fig.* 87*).*

La droite cherchée AB doit être parallèle à une droite donnée MN, elle doit s'appuyer sur les deux circonférences O et O′, et avoir une longueur l.

Or, nous avons vu (1ᵉʳ Exercice de la dix-huitième

Leçon) que, si l'on fait mouvoir parallèlement à elle-même une droite de longueur constante de manière que l'une de ses extrémités décrive une circonférence donnée, le lieu de son autre extrémité est la circonférence donnée transportée parallèlement à la droite, de la longueur même de cette droite.

Fig. 87.

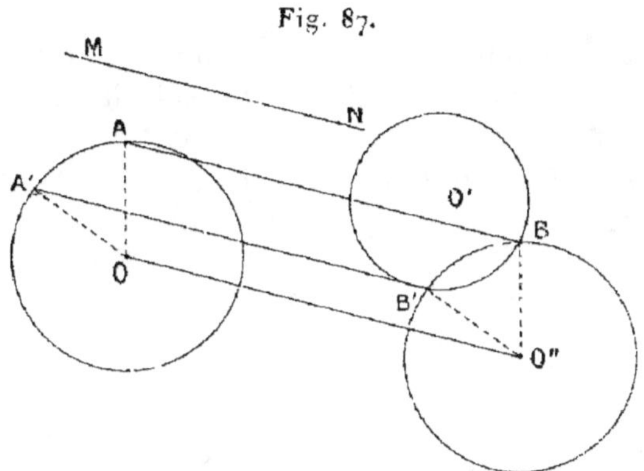

On tracera donc OO″ parallèle à MN (188), et l'on prendra sur cette parallèle OO″ = l; puis, du centre O″, on décrira une circonférence égale à la circonférence O. Si la circonférence O″ coupe la circonférence O′ en deux points B et B′ (156, 3°), on mènera par ces points les parallèles BA et B′A′ à MN jusqu'à leurs rencontres avec la circonférence O, de manière que O″BAO et O″B′A′O soient des parallélogrammes, et l'on aura les deux solutions du problème.

Il n'y aura qu'une solution si O″ touche O′ (156, 2° et 4°), et le problème sera impossible, si O″ et O′ n'ont aucun point commun (156, 1° et 5°).

· 5. *Construire un triangle ABC, connaissant deux angles et l'une des trois hauteurs.*

Le troisième angle du triangle est alors connu comme les deux autres (77). Admettons que la hauteur donnée soit celle AD qui correspond au sommet A.

On peut mener deux parallèles xy et $x'y'$ dont la distance soit AD; puis, à partir d'un point A pris sur xy, tracer, jusqu'à $x'y'$, les droites AB et AC faisant respectivement avec Ax et Ay des angles égaux aux deux angles B et C du triangle cherché qui sont opposés à la hauteur AD (178). Le triangle ABC répond évidemment à la question (67, 1°).

Si la hauteur donnée peut correspondre indifféremment à un sommet quelconque, il y a trois solutions.

6. *Construire un triangle* ABC, *connaissant deux côtés et la hauteur qui part de leur sommet commun* (*fig*. 88).

Fig. 88.

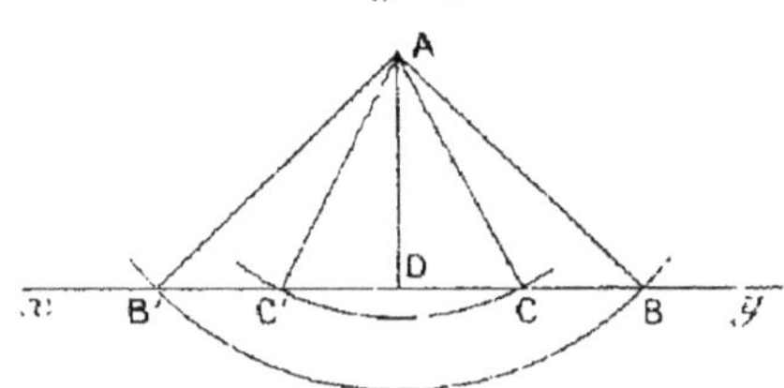

Sur une base indéfinie xy, élevez la perpendiculaire DA égale à la hauteur donnée (192); puis, du point A comme centre, avec des rayons égaux aux côtés donnés, décrivez les arcs de cercle BB', CC'. Il est clair que les quatre triangles ABC, AB'C', ABC', AB'C répondent aux données; mais il n'y a que deux solutions, parce que les quatre triangles indiqués sont évidemment égaux deux à deux.

7. *Construire un triangle* ABC, *connaissant deux côtés et l'une des hauteurs qui ne répond pas à leur sommet commun* (*fig*. 89).

Dans le triangle ABC, on donne les côtés AB et BC et la hauteur AD qui correspond au sommet A. Il faut construire le triangle.

Comme dans l'exemple précédent, nous construirons, par rapport à une base indéfinie xy, la hauteur AD. Nous décrirons ensuite, du point A comme centre avec le côté AB pour rayon, l'arc de cercle BB'; puis, à partir des points B et B' où il coupe xy, et de part et d'autre de ces points, nous porterons sur xy des longueurs BC, BC$_1$, B'C', B'C$_1'$

Fig. 89.

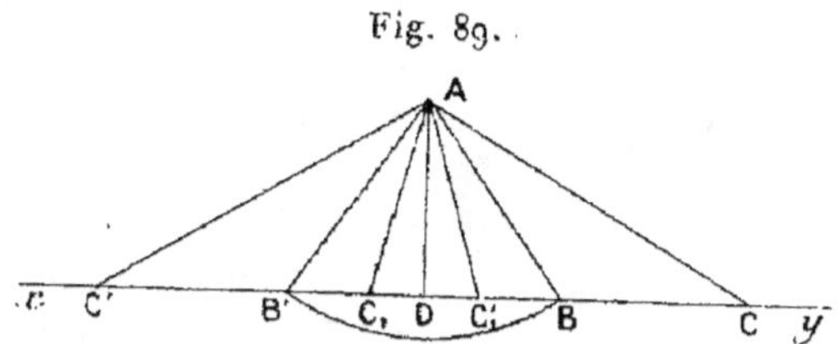

égales au second côté donné BC. Il est clair que les quatre triangles ABC, ABC$_1$, AB'C', AB'C$_1'$ répondent aux données; mais il n'y a que deux solutions, parce que les triangles indiqués sont égaux deux à deux.

Le point A, dans cette construction, peut être remplacé par les sommets B et C. Si l'on donne, par exemple, les côtés AB et AC, AD est remplacée par la hauteur qui correspond au sommet B ou au sommet C. A ce point de vue, il peut y avoir en tout six solutions.

· 8. *Inscrire dans une circonférence donnée un angle de grandeur donnée, de manière que l'un de ses côtés passe par un point donné, et que l'autre côté soit parallèle à une droite donnée (fig. 90).*

Soient la circonférence donnée O, le point donné A, la direction donnée MN et PMN l'angle qui représente la valeur de celui qu'on veut inscrire dans la circonférence O.

Menons par le point A la parallèle ABC à MP et, par les points B et C où cette parallèle coupe la circonférence O, tirons les cordes BE, CD, parallèles à MN. Les angles CBE, BCD répondent évidemment à la question.

Comme on peut faire de l'autre côté de MN un second angle P'MN égal à l'angle donné, il peut y avoir deux autres solutions.

Pour que les solutions indiquées soient possibles, il faut

d'ailleurs que les parallèles menées par le point A aux côtés MP et MP' rencontrent la circonférence O. Ainsi, dans

Fig. 90.

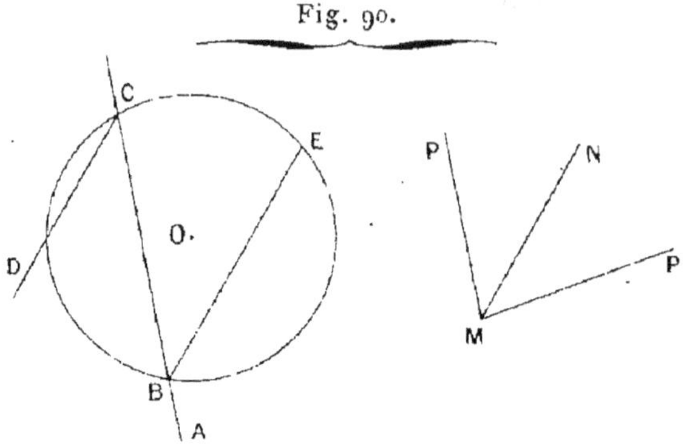

le cas de la figure, les deux solutions relatives à MP' man-
queraient.

· 9. *Construire la bissectrice de l'angle de deux droites
MN, PQ qui ne se coupent pas dans les limites du dessin
et qu'on ne peut prolonger jusqu'à leur point de rencontre A (autre procédé que celui indiqué au n° 191 du
texte)* [*fig.* 91].

Fig. 91.

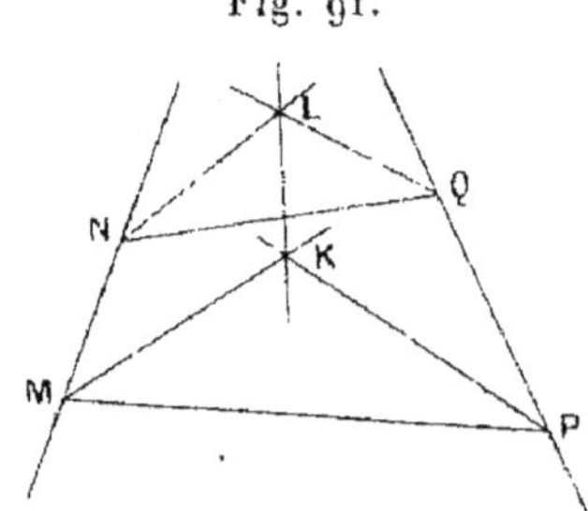

Coupons les deux droites données MN, PQ par les deux
droites quelconques MP, NQ. Construisons les bissectrices
des angles en M et en P (190) : leur point de rencontre K
appartiendra à la bissectrice de l'angle A dans le triangle
AMP, parce que les trois bissectrices des angles d'un

triangle sont concourantes (92). De même, le point de rencontre L des bissectrices des angles en N et en Q appartient aussi à la bissectrice de l'angle A dans le triangle ANQ. On aura donc cette bissectrice en joignant les points K et L.

, **10.** *Par l'un des points d'intersection A de deux circonférences O et O' qui se coupent, mener une sécante commune BAC qui ait une longueur donnée l (fig. 92).*

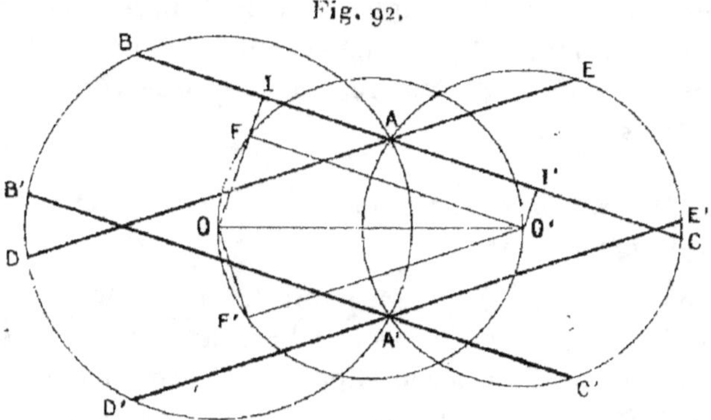

Fig. 92.

Supposons le problème résolu, et soit BAC la sécante commune cherchée. Si l'on abaisse sur cette sécante les perpendiculaires OI et O'I', et si l'on mène entre ces perpendiculaires la parallèle O'F à BAC, on voit que O'F représente la moitié de la longueur de la sécante BAC ou est égale à $\frac{l}{2}$. On connaît donc dans le triangle rectangle O'FO l'hypoténuse OO' et le côté de l'angle droit O'F. On peut construire ce triangle en décrivant une circonférence sur OO' comme diamètre (189), et en inscrivant dans cette circonférence la corde O'F de longueur $\frac{l}{2}$. On n'aura plus ensuite qu'à mener par le point A la parallèle BC à O'F (188). On obtiendra une autre solution, en menant par le second point d'intersection A' des circonférences O et O' une autre parallèle B'C' à O'F. Mais, dans le cercle décrit sur OO′ comme diamètre, on peut encore inscrire, de l'autre côté de OO′, une corde O′F′ égale à $\frac{l}{2}$: ce qui donnera deux nouvelles solutions DAE, D′A′E′ parallèles à O′F′.

Le maximum de O′F ou de O′F′ est OO′. Le problème n'est donc possible que si l'on a

$$\frac{l}{2} < OO'.$$

Pour $l = 2\,OO'$, les quatre solutions indiquées se réduisent aux deux sécantes menées par les points A et A′ parallèlement à OO′. (Se reporter au 9ᵉ Exercice de la vingt-troisième Leçon.)

▸ **11.** *Décrire un cercle de rayon donné, passant par deux points donnés.*

Soient A et B les deux points donnés. AB sera une corde de la circonférence cherchée, dont le centre O appartiendra alors à la perpendiculaire élevée sur le milieu M de AB (189). Pour l'obtenir, il suffira donc de décrire, du point A comme centre avec un rayon égal au rayon donné, un arc de cercle qui coupera la perpendiculaire MO au centre O demandé. Il ne restera plus qu'à tracer la circonférence OA, qui passe également au point B.

Pour que le problème soit possible, la corde AB doit être au plus égale à un diamètre du cercle cherché. Dans cette hypothèse, AM = AO, et le centre O est en M.

– **12.** *Décrire un cercle qui passe par un point donné et qui touche une circonférence donnée en un point donné* (*fig.* 93).

Le cercle cherché C doit passer par le point donné A et toucher en un point donné B la circonférence donnée O. Il faut construire le cercle C.

Son centre C se trouvera sur OB ou sur OB prolongé (152), et il aura pour corde la droite BA. Par suite, si l'on

élève sur BA une perpendiculaire en son milieu M (189),
on aura un second lieu du centre C, qui sera déterminé par
la rencontre de OB avec la perpendiculaire MC. Le
triangle CAB est isocèle, et le rayon du cercle C est CA ou
CB.

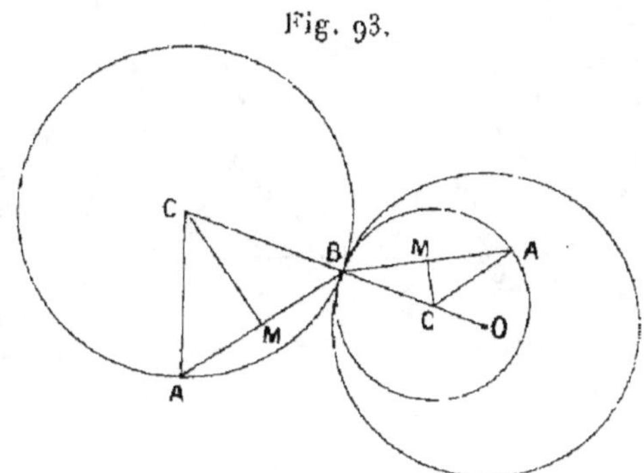

Fig. 93.

Le cercle C est tangent extérieurement ou intérieurement à la circonférence O, suivant que le point donné A
est extérieur ou intérieur à cette circonférence.

13. *Décrire un cercle qui touche une droite donnée en
un point donné et qui soit, en outre, tangent à une circonférence donnée.*

[Ce problème a déjà été résolu (*voir* le 7e Exercice de
la vingt et unième Leçon), et l'énoncé en a été reproduit
ici par mégarde. Nous le remplacerons par le suivant.]

13 bis. *Étant donné un triangle rectangle ABC, si
l'on décrit deux cercles sur les côtés de l'angle droit AB
et AC comme diamètres, ces cercles sont tangents à un
troisième cercle ayant pour centre le milieu de l'hypoténuse BC et pour diamètre la somme AB + AC des côtés
de l'angle droit (*fig.* 94).*

En effet, par le milieu O de l'hypoténuse BC, menons les
parallèles OM et ON aux côtés AC et AB. Les points M et
N seront les milieux des côtés AB et AC (73) et les centres

des circonférences décrites sur ces côtés comme diamètres.
La figure OMAN étant d'ailleurs un parallélogramme, si
l'on prolonge OM et ON jusqu'à leurs points de rencontre

Fig. 94.

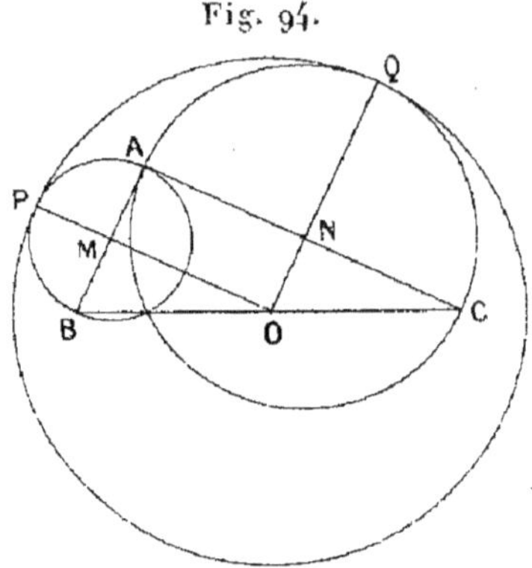

P et Q avec les circonférences correspondantes M et N, on
a évidemment

$$OP = OM + MP = NA + MA \quad \text{et} \quad OQ = ON + NQ = MA + NA,$$

c'est-à-dire

$$OP = OQ.$$

Par suite, le cercle décrit du point O comme centre avec
OP ou OQ pour rayon, touche en P et en Q les cercles
intérieurs décrits sur AB et sur AC comme diamètres
(156, 4°). De plus, le diamètre de ce cercle est

$$2(MA + NA) \quad \text{ou} \quad AB + AC.$$

114. *Décrire sur une droite donnée comme corde une
circonférence qui coupe une circonférence donnée, de
manière que leur corde commune soit parallèle à une
direction donnée (fig. 95).*

Soient AB la droite donnée comme corde, MN la direction donnée, O la circonférence donnée. Il faut construire
la circonférence C qui, décrite sur AB, répond à la question.

La perpendiculaire élevée sur le milieu I de AB (189) est un lieu du centre C de la circonférence cherchée. D'ailleurs, la corde commune DE des circonférences O et C

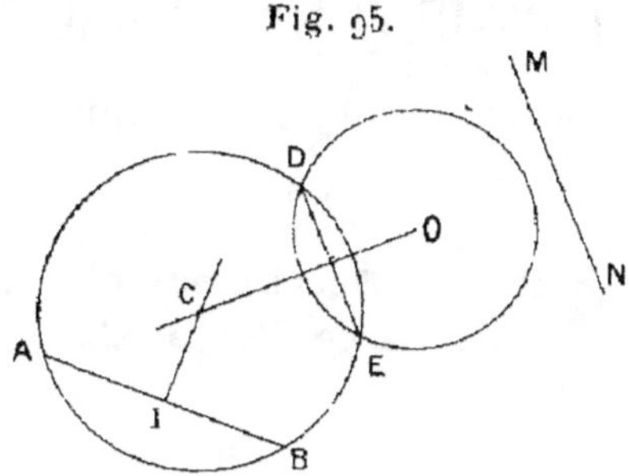

Fig. 95.

est perpendiculaire à la ligne des centres OC (151). Cette ligne des centres doit donc être perpendiculaire à la direction MN (65) : elle est déterminée et vient couper au centre C la perpendiculaire élevée en I sur AB. Il ne reste plus qu'à tracer la circonférence CA.

Pour que le problème soit possible, il faut que AB ne soit pas parallèle à MN.

· 15. *Construire un triangle ABC, connaissant les pieds A′, B′, C′ de ses trois hauteurs.*

Nous avons vu [2ᵉ Exercice de la vingt-quatrième Leçon, (*fig.* 72)] que les hauteurs AA′, BB′, CC′ du triangle ABC, sont les bissectrices des angles du triangle A′B′C′ dont on donne les sommets.

Il n'y a donc qu'à construire les bissectrices des trois angles du triangle A′B′C′ (190) ; puis, par ses sommets, à mener respectivement des perpendiculaires aux bissectrices correspondantes. Ces perpendiculaires se croiseront de manière à reconstituer le triangle ABC.

VINGT-HUITIÈME LEÇON.

PROBLÈMES ÉLÉMENTAIRES

(SUITE).

Tracé des tangentes. — Décrire sur une droite donnée un segment capable d'un angle donné.

---

1. *On donne deux points* A *et* B, *par lesquels on mène deux droites* AC, BC *faisant entre elles un angle donné* ACB. *Quelle que soit la position du point d'intersection* C, *la bissectrice de l'angle* ACB *passe par un point fixe.*

En effet, si l'on décrit sur AB un segment capable de l'angle ACB, la bissectrice de l'angle ACB passe toujours par le milieu D de l'arc AB compris entre les côtés de l'angle.

2. *Les cercles décrits sur les côtés d'un triangle* ABC *comme diamètres se coupent nécessairement une seconde fois sur les côtés du triangle ou sur ces côtés prolongés.*

Soient, par exemple, les cercles décrits sur les côtés AB et AC du triangle comme diamètres. Ces cercles se coupent d'abord au sommet A. Supposons que ces cercles coupent respectivement le troisième côté BC du triangle en deux points différents D et E. Les angles ADB et AEC seraient droits tous deux (**169**), de sorte que, dans le triangle DAE, la somme des angles surpasserait deux droits de l'angle DAE; ce qui est impossible (**177**). Il faut donc que l'angle DAE soit nul ou que les points D et E coïncident.

3. *Construire un triangle isocèle* ABC, *connaissant l'angle à la base* B *et la hauteur* BD *correspondant au sommet de cet angle.*

Les angles à la base B et C étant égaux, on connaît l'angle C; et l'on a, dans le triangle rectangle BDC, un côté et un angle aigu. On peut, par suite, construire ce triangle en décrivant sur BD un segment capable de l'angle donné (197) et en élevant en D sur BD une perpendiculaire (193) qui vient couper en C l'arc du segment. Le sommet A du triangle ABC appartient à CD prolongée et à la perpendiculaire élevée sur le milieu I de BC : il est donc déterminé ainsi que le triangle.

4. *Déterminer, sur un diamètre* AB *prolongé d'un cercle donné, un point tel que, si l'on mène de ce point une tangente au cercle, la longueur de cette tangente entre ce point et son point de contact soit égale au diamètre du cercle* (*fig.* 96).

Fig. 96.

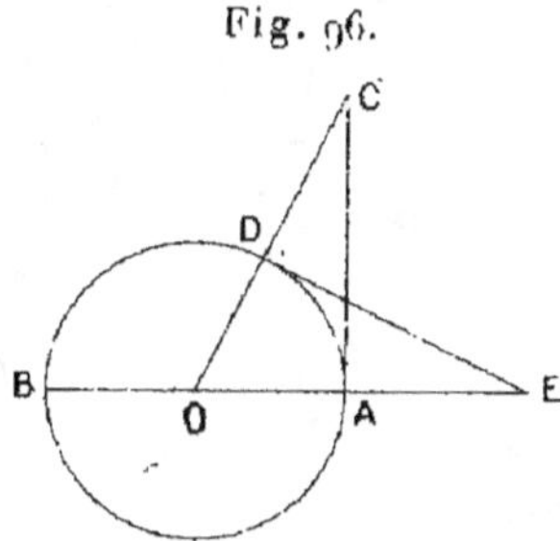

Soient O le cercle donné et AB son diamètre. Menons en A une tangente AC (194) égale au diamètre AB. Joignons CO qui coupe en D la circonférence O, et construisons en D la tangente DE qui rencontre en E le diamètre AB prolongé : le point E est le point demandé. En effet, les deux triangles rectangles OAC, ODE sont égaux comme ayant un côté égal adjacent à deux angles égaux (34, 1°). On a donc

$$DE = AC = AB.$$

5. *Construire un quadrilatère ABCD, connaissant les longueurs des deux diagonales AC et BD, l'angle I qu'elles forment et les angles opposés B et D du quadrilatère (fig. 97).*

Soient L et L' les longueurs des deux diagonales AC et

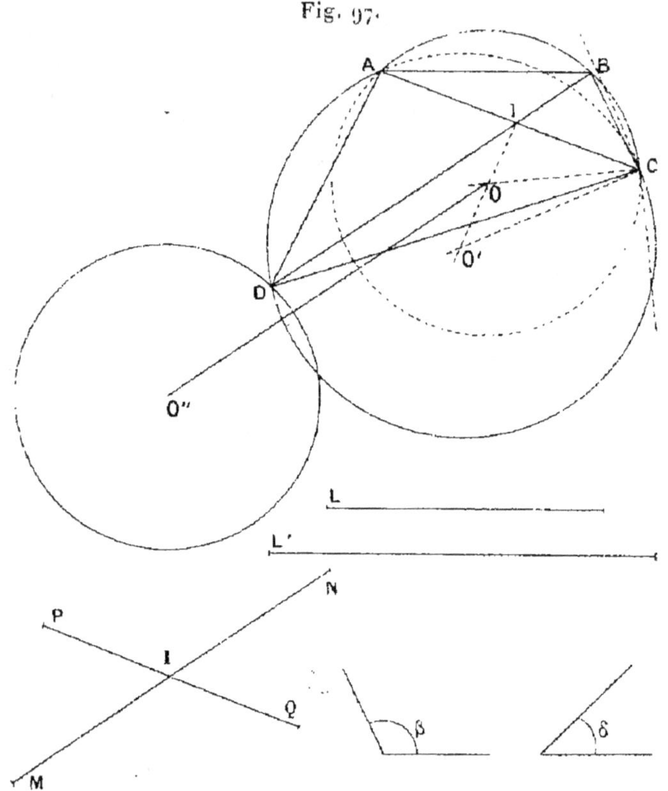

Fig. 97.

BD, I leur angle, β et δ les angles opposés du quadrilatère en B et en D.

Sur la longueur L de la première diagonale AC comme corde, construisons de part et d'autre deux segments capables, le premier de l'angle $\beta = B$, le second de l'angle $\delta = D$ (197). Nous déterminerons ensuite une droite MN faisant avec une parallèle PQ à AC l'angle I donné des deux diagonales du quadrilatère, et il ne restera plus qu'à mener à MN une parallèle comprise entre les arcs ABC et ADC des deux segments capables et qui ait la longueur BD.

Or, ce dernier problème a déjà été résolu (4ᵉ Exercice de la vingt-septième Leçon). Si l'extrémité B de la droite BD parcourt l'arc du premier segment ABC, en restant parallèle à MN, nous avons vu que le lieu de son extrémité D est une seconde circonférence O″ égale à celle O du premier segment, et telle que OO″ soit parallèle à MN et égale à BD. On cherchera donc les points de rencontre de cette seconde circonférence avec l'arc ADC du second segment capable qui correspond à la circonférence O′ et, s'ils existent, en menant par ces points des parallèles à MN jusqu'à l'arc ABC du premier segment, on obtiendra deux quadrilatères qui pourront répondre aux données.

Il peut y avoir deux solutions, une seule ou pas du tout.

Dans le cas de la figure, la circonférence O″ rencontrant la circonférence O′ en deux points, il y a deux solutions. Nous n'en avons indiqué qu'une.

6. *Par deux points A et B donnés sur une circonférence O, mener deux cordes parallèles AC, BD dont la somme ait une longueur l (fig. 98).*

Si l'on suppose le problème résolu, la figure ACDB est un trapèze. La parallèle EF menée aux deux bases par le milieu E de la corde AB est donc (16ᵉ Exercice de la quinzième Leçon) égale à $\frac{l}{2}$.

Le point F se trouve, par suite, sur une circonférence décrite du point E comme centre avec $\frac{l}{2}$ pour rayon. D'autre part, les arcs AB, CD étant égaux (146), les cordes AB, CD sont égales et elles sont à la même distance du centre O (135, 1°). Le point F appartient donc encore à la circonférence OE, et la corde CD est tangente en F à cette circonférence.

Fig. 98.

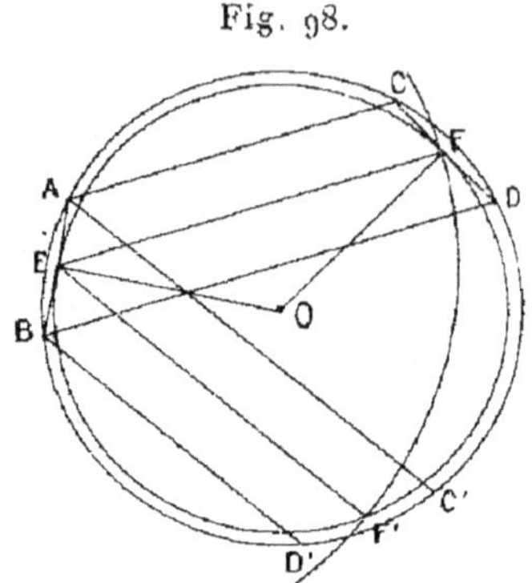

Pour résoudre le problème, il faut donc prendre le milieu E de la corde AB, et décrire la circonférence OE et la circonférence EF de rayon $\frac{l}{2}$. Ces circonférences se coupent au point F, et les cordes cherchées AC, BD sont parallèles à la droite EF.

Pour que le problème soit possible, il faut que les deux circonférences OE et EF se coupent. La distance OE de leurs centres doit, par suite, être comprise entre la différence et la somme de leurs rayons (156, 3°), d'où

$$OE > \frac{l}{2} - OE \qquad \text{et} \qquad OE < \frac{l}{2} + OE.$$

La seconde condition étant satisfaite d'elle-même, on n'a à tenir compte que de la première qui revient à

$$l > 4\,OE.$$

Le problème admet en général deux solutions qui répondent aux points F et F′ et qui se réduisent à une seule pour $l = 4\,OE$ (156, 4°).

7. *Si, par le point de contact* M *de deux circonfé-*

rences tangentes, on mène deux cordes communes AB, CD, les droites AC, BD, qui joignent respectivement sur chaque circonférence les extrémités de ces cordes, sont parallèles (fig. 99).

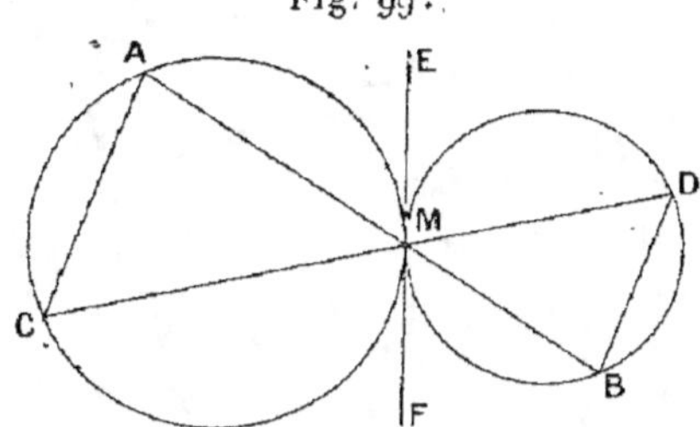

Fig. 99.

En effet, menons en M la tangente commune EF (152). Les deux angles CAM, CMF sont égaux comme ayant même mesure sur la première circonférence (169, 170). De même, les deux angles DBM, DME sont égaux pour la même raison, relativement à la seconde circonférence. Comme les deux angles CMF, DME sont opposés par le sommet, il en résulte l'égalité des angles CAM, DBM, qui sont dans la position d'alternes-internes par rapport aux droites AC, BD coupées par la sécante AB ; et, par suite, les droites AC, BD sont parallèles (68).

Nous avons supposé, dans la figure, les deux circonférences tangentes extérieurement. Si elles étaient tangentes intérieurement, une démonstration analogue prouverait le parallélisme des cordes AC, BD.

8. *Si, par l'un des points d'intersection A de deux circonférences O et O' qui se coupent, on mène deux cordes communes BAC, DAE, les droites BD, CE, qui joignent respectivement sur chaque circonférence les extrémités de ces cordes, font entre elles un angle constant.*

Ce problème a déjà été résolu (1er Exercice de la vingt-quatrième Leçon, *fig.* 71). Nous le remplacerons ici par le suivant.

8 bis. Dans tout quadrilatère circonscrit à une cir-conférence, les sommes formées par les côtés opposés sont égales (fig. 100).

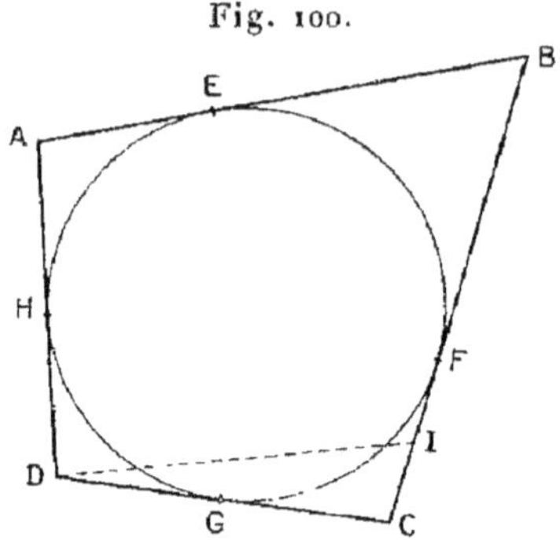

Fig. 100.

Un quadrilatère est *circonscrit* à une circonférence, lorsque ses côtés sont tangents à cette circonférence; à son tour, la circonférence est *inscrite* dans le quadrila-tère.

Les tangentes au cercle issues d'un même point étant égales (195), on a

$$AE = AH, \quad BE = BF, \quad CG = CF, \quad DG = DH.$$

En ajoutant ces égalités membre à membre, on trouve évidemment

$$AB + CD = AD + BC.$$

Réciproquement, si cette condition est remplie, le qua-drilatère ABCD est *circonscriptible*, c'est-à-dire que le cercle tangent aux trois côtés DA, AB, BC, et dont le centre est à la rencontre des bissectrices des angles A et B, est nécessairement tangent au quatrième côté CD du quadrilatère.

En effet, s'il n'en était pas ainsi, on pourrait mener par le sommet D une tangente DI à cette circonférence. Le quadrilatère DABI étant circonscrit, on aurait à la fois

$$AB + DI = AD + BI \quad \text{et} \quad CD < DI + IC;$$

t l'on en conclurait, en ajoutant,

$$AB + CD < AD + BC;$$

ce qui est contre l'hypothèse.

9. *Construire un triangle équilatéral qui ait ses sommets sur trois parallèles données* X, Y, Z (*fig.* 101).

Fig. 101.

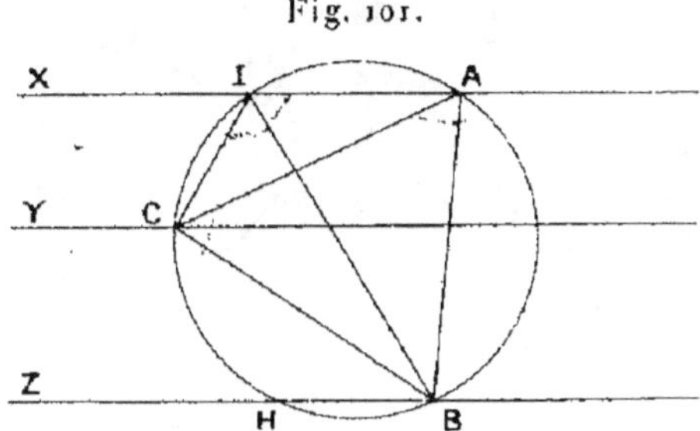

Supposons le problème résolu, et soit ABC le triangle équilatéral demandé. Faisons passer une circonférence par les trois sommets A, B, C. Cette circonférence coupe la parallèle X en un second point I et la parallèle Z en un second point H. Joignons IB et IC. L'angle BIC est égal à l'angle BAC comme ayant même mesure : il vaut donc $\frac{2}{3}$ d'angle droit. Les deux angles IBH, BIA sont égaux comme alternes-internes par rapport aux parallèles X et Z coupées par la sécante IB, et les deux angles BIA, ACB, sont égaux comme ayant même mesure : l'angle IBH vaut donc aussi $\frac{2}{3}$ d'angle droit.

On déduit de là la construction suivante :

Par un point I de la parallèle X, on trace deux droites IB, IC, la première IB inclinée de $\frac{2}{3}$ de droit ou de 60° sur les trois parallèles, la seconde IC inclinée du même angle sur IB, de sorte que IC est incliné à son tour de 60° sur les trois parallèles. On obtient ainsi les points de rencontre B et C, de IB avec Z et de IC avec Y. Si l'on joint alors BC et si l'on fait passer une circonférence par les trois points B, C, I, elle se confond avec la circonférence circonscrite au triangle cherché, et son second point d'intersection avec X est le sommet A de ce triangle dont on connaît déjà les sommets B et C.

10. *A un triangle donné* MNP, *circonscrire un triangle* ABC, *égal à un triangle donné,* $A_1B_1C_1$ (*fig.* 102).

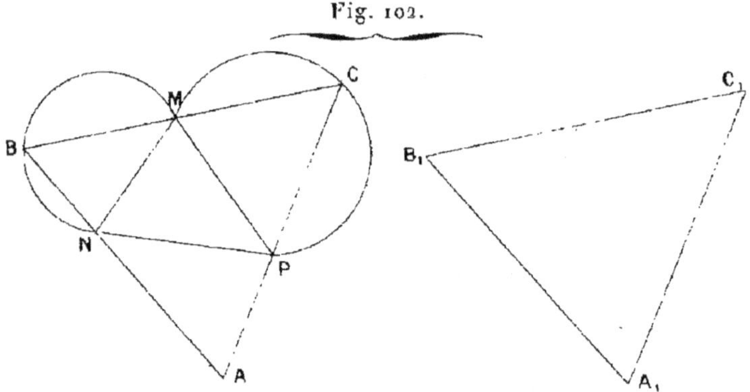

Fig. 102.

L'angle B étant égal à l'angle B_1, le sommet B appartient à l'arc du segment capable de l'angle B_1 décrit sur le côté MN comme corde; de même, l'angle C étant égal à l'angle C_1, le sommet C est sur l'arc du segment capable de l'angle C_1 décrit sur le côté MP comme corde. Il ne reste plus qu'à mener par le point M d'intersection des deux arcs une sécante commune représentant le côté BC; ce qui revient à insérer entre ces deux arcs une droite passant par le point M, parallèle et égale à B_1C_1. Or, c'est là un cas particulier d'un problème résolu précédemment (*voir* e 5ᵉ Exercice de cette même Leçon). Une fois BC construit, on trace les droites BN et CP qui se coupent en A, et le triangle obtenu ABC est égal au triangle $A_1B_1C_1$ comme ayant un côté égal adjacent à deux angles égaux.

Il peut y avoir deux solutions, une seule, ou pas du tout.

11. *A un triangle donné* MNP, *circonscrire un triangle équilatéral qui soit un maximum.*

En se reportant au problème précédent, il suffit de décrire sur les côtés MN et MP des segments capables de l'angle du triangle équilatéral, c'est-à-dire de l'angle de 60°. Toute sécante BMC commune aux arcs des deux segments, en joignant respectivement les points B et C aux sommets N et P, répond évidemment à un triangle équilatéral ABC circonscrit au triangle MNP. Pour que ce triangle équilatéral soit un maximum, il faut que la sécante commune BMC soit la plus grande possible ou, d'après un problème résolu antérieurement (9ᵉ Exercice de la vingt-troisième Leçon), qu'elle soit parallèle à la ligne des centres des arcs des deux segments capables.

12. *On donne, dans une circonférence O, un diamètre AB et deux points C et D situés d'un même côté par rapport à ce diamètre. On demande de trouver, sur la circonférence et de l'autre côté du diamètre AB, un point M tel qu'en menant les droites MC et MD, les segments OE, OF, qu'elles déterminent sur AB à partir du centre O, soient égaux (fig. 103).*

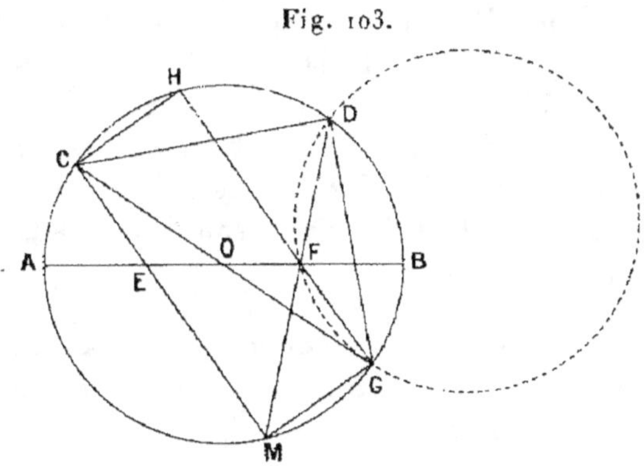

Fig. 103.

Supposons le problème résolu.

Menons le diamètre COG; joignons GM et GF qui, prolongée, coupe la circonférence au point H, et traçons la corde CH.

Les deux triangles OEC, OFG, sont évidemment égaux (34, 2°). Les deux angles OCE, OGF sont donc égaux ; ce qui entraîne le parallélisme des droites CM et GII (68). Les deux triangles rectangles CMG, CIIG (171) sont alors égaux comme ayant l'hypoténuse commune et un angle aigu égal, et la figure MCIIG est un rectangle (97, 98).

Cela posé, dans le triangle MGF, l'angle en G est droit, et l'angle FMG est connu, puisqu'il est égal à l'angle DCG comme ayant même mesure. L'angle GFD, extérieur au triangle MGF (78), est, par suite, égal à un droit plus DCG. Donc, si sur la corde DG, on décrit un segment capable de cet angle (197), l'arc correspondant coupe le diamètre AB au point F.

Il en résulte cette construction :

Menez par le point C le diamètre COG et, sur la corde DG, décrivez un segment capable de l'angle obtus égal à un droit augmenté de l'angle DCG. L'arc de ce segment coupe AB au point F.

Comme vérification, prolongeons DF jusqu'à son point de rencontre M avec la circonférence, et joignons MG et MC qui coupe AB au point E. Prolongeons de même GF jusqu'en II et joignons CH. D'après la valeur de l'angle GFD, l'angle MGII est égal à un droit. La figure MCIIG, où les angles en M et en H sont droits, est donc un rectangle (84, 95). Par suite, les droites GH, MC sont parallèles. Les deux triangles OCE, OGF, sont donc égaux (34, 1°), et l'on a OE = OF.

13. *Décrire un cercle qui touche une droite donnée* BD *et qui soit, en outre, tangent à une circonférence donnée* O, *en un point donné* A (*fig.* 104).

En joignant OA, on a un premier lieu du centre C de la circonférence cherchée (152), et la tangente en A à la circonférence O est aussi tangente à la circonférence C. Cette tangente commune coupe la droite BD au point M, et les bissectrices des deux angles supplémentaires AMB,

AMD sont aussi des lieux du centre C (195). On trouve
ainsi deux circonférences répondant à la question : la première CA, tangente à BD (56) (est tangente extérieurement
à la circonférence O ; la seconde C'A, tangente à BD, est
tangente intérieurement à la circonférence O.

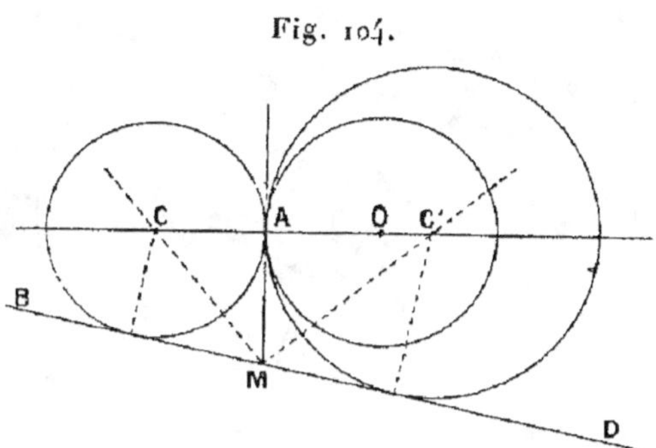

Fig. 104.

Si le rayon OA est perpendiculaire à la droite BD en un
point K, la tangente AM est parallèle à BD, et il n'y a
plus qu'une solution, qui est la circonférence décrite
sur AK comme diamètre.

14. *On donne une circonférence O, et l'on demande
de décrire, d'un point donné O' comme centre, une seconde circonférence qui intercepte sur la première un
arc dont la corde ait une longueur donnée l (fig. 105).*

Inscrivons, dans la circonférence O, une corde AB quelconque de longueur l. Toutes les cordes tangentes à la
circonférence concentrique qui a pour rayon la perpendiculaire OI à AB, auront la même longueur l (136). Joignons alors O'O qui coupe la circonférence OI en deux
points C et D, et menons les tangentes EF et GH à cette
circonférence en C et en D. Il est clair que les circonférences concentriques de centre O' et de rayons OE et OG
répondent à la question.

Pour que ces deux solutions existent, il faut que la
corde AB ou la longueur l soit moindre que le diamètre de

la circonférence O; elles se réduisent à une seule lorsque ce diamètre est égal à l, et elles disparaissent lorsque la longueur l le surpasse.

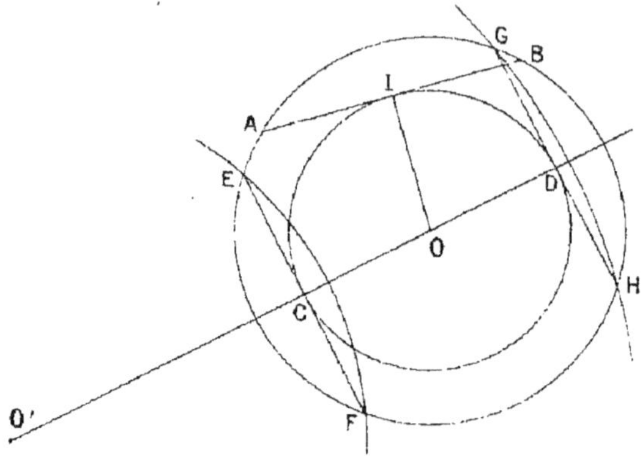

Fig. 105.

15. *Trouver le lieu géométrique des centres des circonférences de même rayon, qui coupent sous un même angle donné une circonférence donnée (fig. 106).*

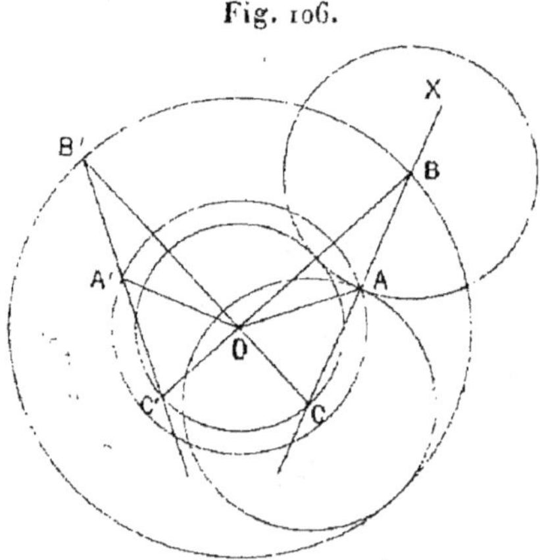

Fig. 106.

Menons, dans la circonférence donnée O, un rayon quelconque OA sur lequel nous construirons l'angle donné OAX; puis, portons sur AX, de part et d'autre du point A,

$AB = AC = OA$. Les deux circonférences BA, CA, décrites des points B et C comme centres, couperont la circonférence O suivant l'angle donné OAX ou suivant son supplément. En effet, les tangentes menées en A aux trois circonférences considérées, sont perpendiculaires aux rayons OA, BA, CA, ou font entre elles les mêmes angles que ces rayons (153, 76). Les deux circonférences O et B se couperont donc suivant l'angle OAX, et les deux circonférences O et C suivant le supplément de cet angle.

Les points B et C appartiennent ainsi au lieu cherché. On peut répéter la même construction en un autre point quelconque A' de la circonférence O, et trouver deux autres points B' et C' de ce lieu.

Or, les deux triangles OAB, O A'B' sont égaux entre eux (34, 2°). Par suite, $OB = OB'$; on a, de même,

$$OC = OC'.$$

Les distances OB, OC ne sont d'ailleurs égales qu'autant que l'angle OAX est droit. Le lieu cherché se compose donc, en général, de deux circonférences concentriques à la circonférence donnée et ayant pour rayons respectifs OB et OC, la première correspondant à l'angle OAX donné directement et, la seconde, au supplément de cet angle.

16. *Trouver le lieu géométrique des centres des circonférences de même rayon donné, qui partagent en deux parties égales une circonférence donnée (fig. 107).*

Menons un diamètre AB de la circonférence donnée O, et élevons à ce diamètre au point O une perpendiculaire indéfinie; puis, décrivons du point A comme centre, avec le rayon donné, un arc de cercle qui vient couper au point C la perpendiculaire élevée à OA par le point O. La circonférence décrite du point C comme centre, avec CA pour rayon, passe par les extrémités du diamètre AB et divise, par conséquent, la circonférence O en deux parties égales. Le point C appartient donc au lieu cherché. En répétant la même construction relativement à un second dia-

mètre quelconque A′B′, on obtient en C′ un second point
du lieu. Or, les deux triangles rectangles AOC, A′OC′
sont égaux comme ayant l'hypoténuse égale et un côté de

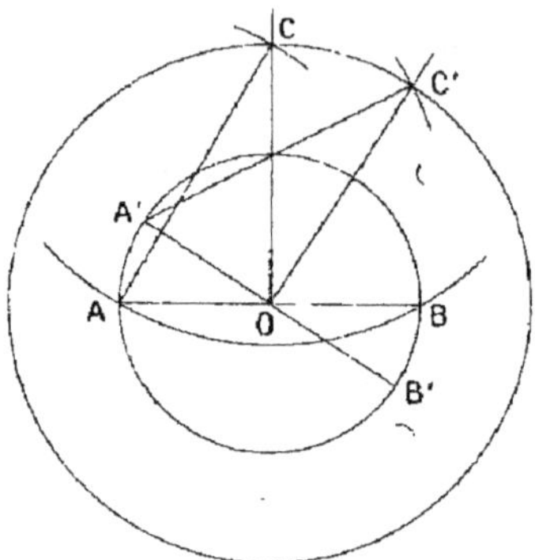

Fig. 107.

l'angle droit égal. On a donc $OC = OC'$, et le lieu demandé est une circonférence concentrique à la circonférence donnée et ayant pour rayon OC.

Pour que le problème soit possible, il faut qu'on ait
$AC > OA$. L'angle constant, sous lequel les circonférences CA coupent alors la circonférence donnée O, est
le complément de l'angle en C du triangle rectangle AOC.

VINGT-NEUVIÈME LEÇON.

Cercle circonscrit et cercles inscrit et ex-inscrits à un triangle.

1. *Étant donné un triangle ABC, on le coupe par une sécante DEF menée par un point quelconque D pris sur le côté BC. On trace les circonférences DEC, BDF, qui se coupent en D, et l'on demande quel est le lieu de leur second point d'intersection M, lorsque la sécante DEF varie (fig. 108).*

Supposons une position de la sécante, et joignons le point M aux points B, C, D.

Si l'on considère alors le quadrilatère ABMC, l'angle BMC de ce quadrilatère se compose des deux angles BMD et DMC. Les angles BMD et BFD sont égaux comme ayant la même mesure dans la circonférence BDF. Le quadrilatère DMCE étant inscrit dans la circonférence DEC, l'angle DMC, supplément de l'angle DEC (175), est égal à l'angle AEF. On a, par suite,

$$BMC = BFD + AEF = 2 \text{ droits} - A \ (77).$$

Le quadrilatère ABMC est donc inscriptible (176), et le point M appartient à la circonférence circonscrite au triangle ABC (148), quelle que soit la position du point D.

Réciproquement, considérons la circonférence circonscrite au triangle ABC, et menons la sécante quelconque DEF. La circonférence BDF coupe la circonférence ABC

en un second point M. L'angle BMC se compose alors de
l'angle BMD égal à l'angle BFD et de l'angle DMC. Il est

Fig. 108.

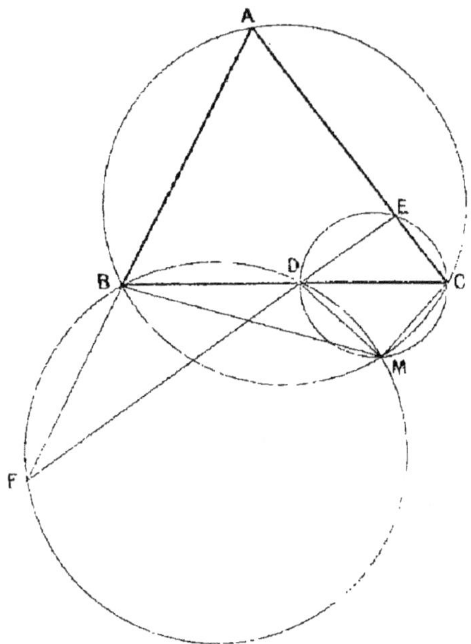

d'ailleurs le supplément de l'angle A en raison du quadrilatère inscrit ABMC.

On a donc

$$BMC = 2 \text{ droits} - A = BFD + DMC,$$

c'est-à-dire

$$DMC = 2 \text{ droits} - (A + BFD) = AEF.$$

L'angle DMC est donc le supplément de l'angle DEC, et
la circonférence DEC passe par le point M (174), qui est
son point d'intersection avec la circonférence BDF.

Finalement, le lieu du point M est la circonférence circonscrite au triangle ABC.

2. *Le cercle déterminé par deux sommets quelconques d'un triangle et le point de rencontre des hauteurs, est égal au cercle circonscrit au triangle (fig. 109).*

Fig. 109.

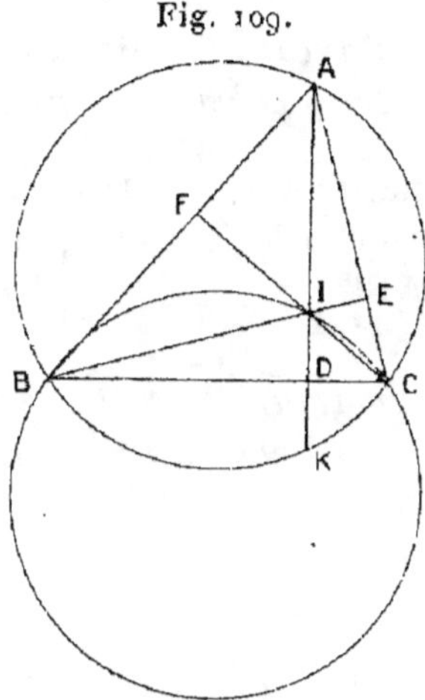

Soient le triangle ABC et I le point de rencontre de ses hauteurs BE, CF (89). Le quadrilatère AEIF est inscriptible (176) et l'on a, par conséquent,

$$\text{BAC} + \text{BIC} = 2 \text{ droits.}$$

Or, BC partage le cercle circonscrit au triangle ABC et le cercle circonscrit au triangle BIC en deux segments, chacun respectivement capable de l'angle BAC ou de l'angle supplémentaire BIC (171). Comme ces segments sont décrits sur la même droite BC, ils sont identiques et, par suite, les deux cercles sont identiques.

3. *I étant le point de rencontre des hauteurs d'un triangle ABC, si l'on prolonge l'une de ces hauteurs AD jusqu'à son point de rencontre K avec le cercle circonscrit au triangle, on a ID = DK (fig. 109).*

En effet, nous venons de voir (2) que la circonférence BIC n'était autre chose que la reproduction symétrique de la circonférence ABC par rapport au côté BC pris pour axe (104, 174). K est donc le symétrique du point I, et l'on a ID = DK.

4. *Construire un triangle ABC, connaissant les centres* O', O", O'" *des trois cercles ex-inscrits à ce triangle.*

Il suffit de remarquer (202, 94) que les hauteurs du triangle O'O"O'" ont précisément pour pieds les sommets du triangle ABC.

5. *Construire un triangle ABC, connaissant la base* BC, *la différence des deux autres côtés et le rayon du cercle inscrit* (*fig.* 110).

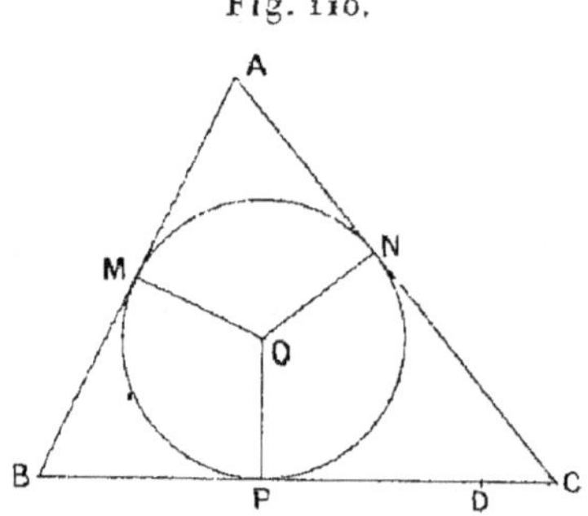

Fig. 110.

Supposons le problème résolu, le cercle inscrit tracé et touchant les trois côtés du triangle aux points M, N, P.

Puisque AM = AN (195), la différence des deux côtés AC et AB est égale à celle des deux segments CN et BM, laquelle revient à celle des deux segments CP et BP. Si l'on porte alors cette différence connue de C en D sur CB, le point de contact P du cercle inscrit avec le côté BC du triangle est le milieu de BD. Après avoir déterminé ce milieu (189), on élève en P une perpendiculaire à BC et l'on porte, sur cette perpendiculaire, une longueur PO égale au rayon donné du cercle inscrit, qu'on trace alors du point O comme centre avec OP pour rayon. On n'a plus qu'à mener à ce cercle des tangentes par les points B et C (194, 2°), pour former le triangle ABC.

6. *Dans un triangle ABC, la distance de deux quelconques des quatre points de contact de l'un des côtés du triangle avec le cercle inscrit et les trois cercles ex-inscrits, est égal à l'un des deux autres côtés du triangle, ou à la somme de ces côtés, ou à leur différence.*

Les formules démontrées au n° 203 établissent immédiatement cette proposition. Nous avons trouvé, en effet, en nous reportant à la *fig.* 131 et en considérant le côté AB et ses quatre points de contact D, M, K, I avec le cercle O et les trois cercles O', O″, O‴, les relations suivantes, où p représente le demi-périmètre du triangle ABC et a, b, c, ses trois côtés opposés aux angles A, B, C :

$$AM = p, \qquad AD = p - a, \qquad AI = p - b, \qquad AK = p - c.$$

Ces relations permettent d'écrire, d'après la *fig.* 131 :

$$MI = BM + BI = AM - AB + AB - AI = b,$$
$$MD = AM - AD = a,$$
$$MK = MI - AI + AK = a - b,$$
$$ID = AI - AD = a - b,$$
$$IK = AI + AK = 2p - b - c = a,$$
$$DK = AD + AK = 2p - a - c - b.$$

En résumé, on a, en rangeant les quatre points de contact dans l'ordre ascendant M, I, D, K :

Du premier point au troisième ou du second au quatrième,

$$MD = IK = a;$$

du premier point au second ou du troisième au quatrième,

$$MI = DK = b;$$

du premier point au quatrième,

$$MK = a + b;$$

du second point au troisième,

$$ID = a - b.$$

7. *Dans un triangle rectangle, le diamètre du cercle inscrit est égal à l'excès de la somme des côtés de l'angle droit sur l'hypoténuse (fig. 111).*

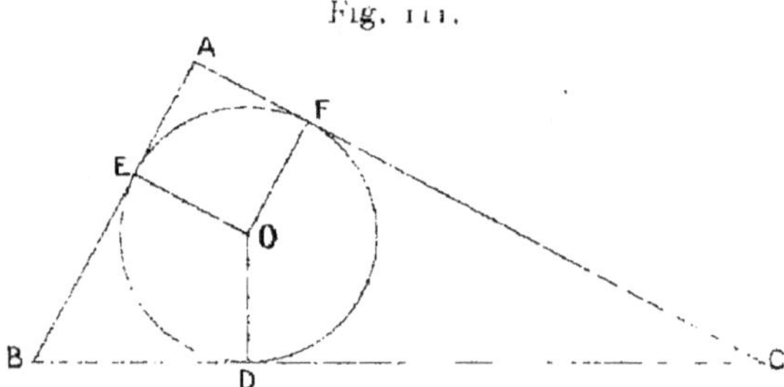

Fig. 111.

Soit le triangle rectangle ABC, où le cercle inscrit de centre O touche l'hypoténuse et les côtés de l'angle droit aux points D, E, F.

Les tangentes issues d'un même point étant égales (195), on a BD = BE, CD = CF, AE = AF. La figure AEOF est donc un carré, de sorte que l'excès de la somme des côtés de l'angle droit sur l'hypoténuse est représenté par 2OE ou par le diamètre du cercle inscrit.

8. *Un angle BAC étant circonscrit à une circonférence O, toute tangente menée à l'arc BC, qui tourne sa convexité vers le sommet A de l'angle BAC, détermine avec les côtés de l'angle un triangle dont le périmètre est constant et dont le troisième côté est vu du centre O sous un angle constant (fig. 112).*

Les côtés de l'angle BAC touchent la circonférence O aux points B et C. Soit la tangente MTN menée en un point quelconque T de l'arc BC *convexe* vers le sommet A.

On a MT = MB et TN = NC (195). Par suite, le périmètre du triangle AMN est toujours égal à AB + AC ou à 2AB. Quant à l'angle MON, les triangles rectangles OBM et OTM, OCN et OTN, étant respectivement égaux,

Fig. 112.

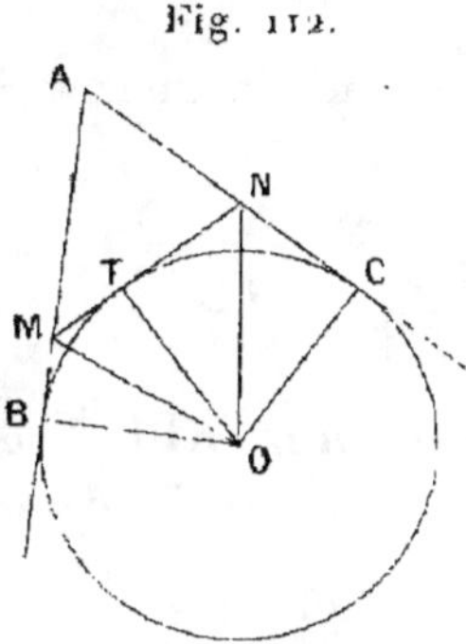

il est évidemment toujours la moitié de l'angle BOC. Or, l'angle BOC, supplément de l'angle A (84), est constant. Il en est donc de même de l'angle MON, toujours égal au complément de $\dfrac{A}{2}$.

TRENTIÈME LEÇON.

Tangentes communes à deux circonférences.

1. *Construire un triangle* ABC, *connaissant le cercle inscrit* O *et l'un des trois cercles ex-inscrits* O', O", O'".

Si l'on se reporte à la *fig.* 131 du n° **202** et qu'on suppose donné le cercle ex-inscrit O', on voit qu'il suffit de mener une tangente commune intérieure et deux tangentes communes extérieures aux cercles O et O' (**204**), pour obtenir par leurs intersections le triangle ABC. Il y a, en général, deux solutions, parce qu'il peut exister deux tangentes communes intérieures (**204**, 2°).

2. *Construire un triangle* ABC, *connaissant deux des trois cercles ex-inscrits.*

En se reportant à la même *fig.* 131 et en supposant donnés les cercles ex-inscrits O' et O", on voit qu'il suffit de leur mener deux tangentes communes intérieures et une tangente commune extérieure, pour obtenir, par les intersections de ces tangentes, le triangle ABC. Il y a, en général, deux solutions, parce qu'il peut exister deux tangentes communes extérieures (**204**, 1°).

3. *Construire un triangle* ABC, *connaissant l'angle* A, *le côté opposé* BC *et le rayon du cercle inscrit* (*fig.* 113).

Le centre du cercle inscrit O étant à égale distance des trois côtés du triangle (**201**) se trouve à la fois sur la bissectrice de l'angle A et sur la parallèle menée intérieure-

ment à l'un des côtés de cet angle, à une distance égale
au rayon donné. On peut donc décrire ce cercle O, qui
touchera en D et en E les côtés de l'angle A.

Fig. 113.

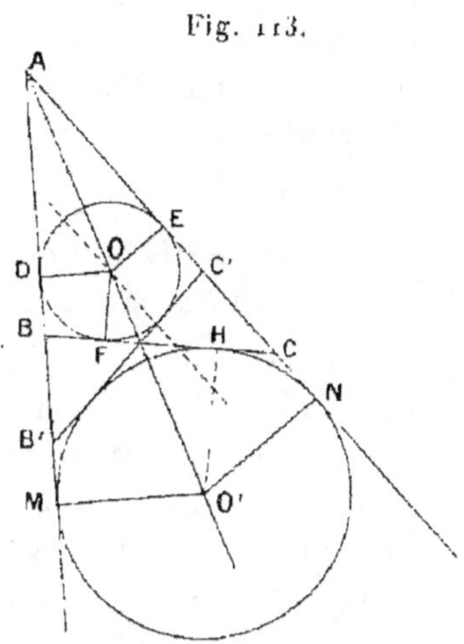

D'ailleurs, d'après le 6ᵉ Exercice de la vingt-neuvième
Leçon, si l'on prend sur AD prolongée une longueur DM
égale au côté donné BC ou a, on obtient le point de contact M du cercle ex-inscrit O′ avec le côté AB; et, en portant de même EN $= a$ sur AE prolongée, on obtient le
point de contact N de ce même cercle avec le côté AC. On
peut donc le construire facilement. Il suffit alors, pour
avoir le triangle ABC, de mener la tangente commune
intérieure BC aux deux cercles O et O′. Comme il existe,
en général, deux tangentes communes intérieures, on
peut trouver deux solutions telles que ABC et A B′C′. Il
est facile de voir que B′C′ $=$ BC.

4. *Construire un triangle* ABC, *connaissant l'un des
côtés* BC, *la somme des deux autres côtés et le rayon du
cercle inscrit* (*fig.* 113).

En se reportant à la *fig.* 113, on a ici (195)

$$BD + CE = BF + CF = BC.$$

Par conséquent,

$$AB + AC - BC = AD + AE = 2AD.$$

AD étant déterminée et le rayon du cercle inscrit étant donné, on connaît (184) les deux triangles rectangles ODA, OEA qui sont identiques. On obtient, par suite, l'angle DAO et, en le doublant, on a l'angle A.

On est ainsi ramené au problème précédent.

5. *Construire un triangle* ABC, *connaissant son péri-mètre, l'angle* A *et le rayon du cercle inscrit.*

L'angle A étant donné ainsi que le rayon du cercle in-scrit O, on peut construire ce cercle comme dans le 3e Exer-cice (même Leçon), et marquer ses points de contact D et E avec les côtés de l'angle A. On a d'ailleurs, en se re-portant à la *fig.* 131 du n° 202 et au 6e Exercice de la vingt-neuvième Leçon, $AM = AN = p$, c'est-à-dire le de-mi-périmètre du triangle. Les points de contact M et N du cercle ex-inscrit O′ avec les côtés de l'angle A étant déterminés, on pourra construire ce cercle; et il ne restera plus qu'à mener une tangente intérieure aux cercles O et O′ pour obtenir, par ses points d'intersection avec les cô-tés de l'angle A, le triangle demandé ABC. Il y aura, en général, deux solutions.

6. *Construire un triangle* ABC, *connaissant l'angle* A, *la hauteur* h *abaissée du sommet* A *sur le côté opposé* BC *et le périmètre* 2p *(fig.* 114*).*

Si l'on prend, sur les côtés de l'angle A, les longueurs $AM = AN = p$, on peut comme précédemment construire le cercle ex-inscrit O′ au triangle ABC. Ensuite, du point A comme centre, avec $AI = h$ pour rayon, on tracera une seconde circonférence. Le troisième côté BC du triangle doit, évidemment, être tangent aux deux circonférences A et O′. On n'aura donc qu'à mener une tangente com-mune intérieure à ces deux circonférences, pour obtenir le triangle ABC.

Pour que le problème soit possible, il faut que les circonférences A et O' soient extérieures l'une à l'autre (204, 2°). On a ainsi la condition (156, 1°)

$$AO' > h + O'M \qquad \text{ou} \qquad h < AO' - O'M.$$

Si cette condition est satisfaite, le problème admet deux solutions. Si $h = AO' - O'M$, les deux circonférences A et O' sont tangentes extérieurement (156, 2°), un seul triangle répond à la question, et il est isocèle.

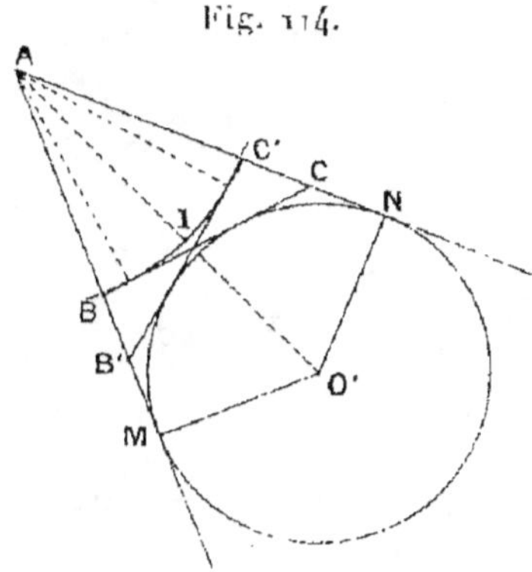

Fig. 114.

Enfin, si l'angle A est droit ou le triangle ABC rectangle en A, la figure $AMO'N$ est un carré, et la condition de possibilité devient $h < AO' - p$ (203).

7. *Des sommets d'un triangle ABC comme centres, décrire trois circonférences qui se touchent deux à deux* (*fig.* 115).

Il suffit de déterminer les points de contact des trois circonférences. Supposons-les d'abord situés à l'intérieur des côtés du triangle, et soient D, E, F ces points de contact.

Les deux tangentes communes, l'une en D aux cercles A et B et l'autre en E aux cercles A et C, se coupent en un point qui appartient à la bissectrice de l'angle A (56), puisque les tangentes menées d'un même point à une circonférence A sont égales (195) et que les tangentes considérées sont perpendiculaires aux côtés de l'angle A (152). De même, les tangentes communes aux cercles A et B d'une part et aux cercles B et C d'autre part, se coupent en un point appartenant à la bissectrice de l'angle B. Enfin, les tangentes communes aux cercles B et C et aux cercles C et A, se coupent en un point appartenant à la bissectrice de l'angle C. Or, les bissectrices des trois angles A, B, C du triangle se coupent en un même point,

Fig. 115.

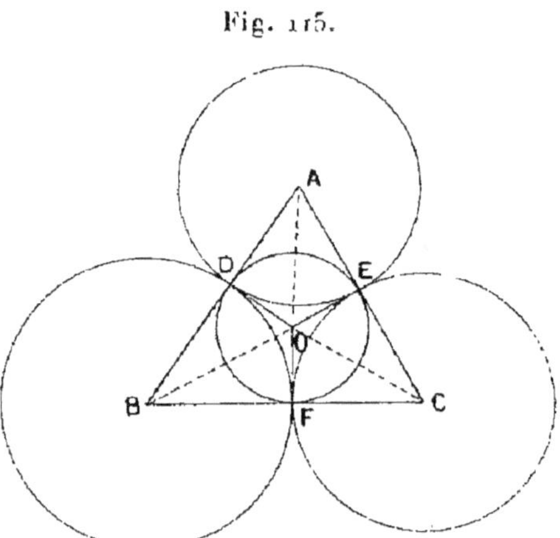

qui est le centre du cercle inscrit au triangle (201) et, d'après ce qui précède, le point de rencontre des trois tangentes communes en D, E, F.

On n'a donc qu'à construire le centre O du cercle inscrit au triangle ABC et à abaisser de ce point, sur les côtés du triangle, les perpendiculaires OD, OE, OF, pour avoir les points de contact cherchés et, par suite, les circonférences demandées.

En considérant les trois cercles ex-inscrits au triangle donné (202), on aura évidemment trois autres solutions du problème.

Par exemple, pour le cercle ex-inscrit O′ et en se reportant à la *fig.* 131, les trois points de contact des cercles décrits des sommets A, B, C comme centres, seront M, N et H. Les cercles BM et CN sont tangents intérieurement au cercle AM et se touchent extérieurement en H.

On peut aussi, pour traiter la question, avoir recours d'une manière très simple à l'Algèbre.

Reprenons le cas qui répond au cercle inscrit. Désignons par a, b, c les côtés du triangle opposés aux angles A, B, C; par x et y, les segments déterminés par le point D sur le côté c; par y et z les segments déterminés par le point F sur le côté a; x et z seront alors ceux déterminés par le point E sur le côté b. On devra satisfaire au système d'équations du premier degré

$$x + y = c,$$
$$z + x = b,$$
$$y + z = a.$$

En ajoutant ces trois équations membre à membre et en représentant par $2p$ le périmètre $a + b + c$ du triangle, il vient

$$x + y + z = p,$$

et il en résulte

$$x = p - a, \qquad y = p - b, \qquad z = p - c.$$

FIN DES SOLUTIONS DE LA PREMIÈRE PARTIE.

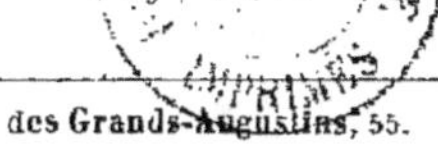

22734   Paris. — Imp. GAUTHIER-VILLARS ET FILS, quai des Grands-Augustins, 55.

LIBRAIRIE GAUTHIER-VILLARS ET FILS,

QUAI DES GRANDS-AUGUSTINS, 55, A PARIS.

DELIGNE (A.), Ingénieur civil des Mines, Directeur de l'École des Arts et Métiers d'Aix, Membre du Conseil supérieur de l'Enseignement technique. — **Notions complémentaires de Mathématiques.** *Géométrie analytique. Dérivées. Premiers principes de Calcul différentiel et intégral.* Rédigées conformément aux nouveaux programmes des cours des Écoles nationales d'Arts et Métiers. 2 volumes in-8, avec nombreuses figures dans le texte, se vendant séparément.

    Ire Partie : *Géométrie analytique*; 1887............. 6 fr. 50 c.

    IIe Partie : *Dérivées. Premiers principes de Calcul différentiel et intégral*; 1887.............................. 7 fr. 50 c.

HOUEL (J.), Professeur de Mathématiques à la Faculté des Sciences de Bordeaux. — **Tables de logarithmes à CINQ DÉCIMALES pour les Nombres et les Lignes trigonométriques**, suivies de Logarithmes d'addition et de soustraction ou Logarithmes de Gauss et de diverses Tables usuelles. Nouvelle édition, revue et augmentée. Grand in-8 ; 1896. (*L'introduction de cet Ouvrage dans les Écoles publiques est autorisée par décision du Ministre de l'Instruction publique.*)

    Broché.................. 2 fr. | Cartonné......... 2 fr. 25 c.

HOUEL (J.), Professeur de Mathématiques pures à la Faculté des Sciences de Bordeaux. — **Recueil de Formules et de Tables numériques**, formant le complément des *Tables de logarithmes à cinq décimales* du même auteur. 3e édition, revue et corrigée. Grand in-8 ; 1885..... 4 fr. 50 c.

LALANDE. — **Tables de logarithmes pour les nombres et les sinus à CINQ DÉCIMALES**, revues par le baron *Reynaud*. Nouvelle édition, augmentée de *Formules pour la résolution des triangles*, par *Bailleul*, typographe, et d'une *Nouvelle Introduction*. In-18 ; 1888. (*Autorisé par décision ministérielle.*).................................. 2 fr.

    Cartonné..... 2 fr. 40 c.

LALANDE. — **Tables de Logarithmes**, étendues à sept décimales, par *F.-C.-M. Marie*, précédées d'une Instruction dans laquelle on fait connaître les limites des erreurs qui peuvent résulter de l'emploi des logarithmes des nombres et des lignes trigonométriques, par le baron *Reynaud*. Nouvelle édition, augmentée de *Formules pour la Résolution des triangles*, par *Bailleul*, Typographe. In-12 ; 1896........ 3 fr. 50 c.

    Cartonné.................................... 3 fr. 90 c.

SCHRON (L.). — **Tables de Logarithmes à sept décimales**, pour les nombres depuis 1 jusqu'à 108 000, et pour les fonctions trigonométriques de 10 en 10 secondes ; et **Table d'Interpolation pour le calcul des parties proportionnelles**, précédées d'une Introduction par *J. Houel*. 2 beaux volumes grand in-8 jésus. Paris ; 1896.

	Prix.	
	Broché	Cartonné
Tables de Logarithmes	8 fr.	9 fr. 75 c.
Table d'Interpolation	2	3 25
Tables de Logarithmes et Table d'Interpolation réunies en un seul volume	10	11 75

22731 Paris. — Imprimerie GAUTHIER-VILLARS ET FILS, quai des Grands-Augustins, 55.